高等职业教育园林类专业系列教材

园林树木 第2版

YUANLIN SHUMU

主　编　何会流

副主编　王友国　鲁亚都

　　　　张宜波　杨清波

主　审　杨瑞武

重庆大学出版社

内容提要

本书采用任务驱动的编写思路,根据专业岗位需求优化整合教学内容,将传统教学模式中"园林树木"知识整合为5个项目及多个任务。本书主要内容包括园林树木的分类、园林树木的功能、园林树木的生长发育规律、园林树种调查与规划以及园林树木的识别与应用等。每个任务都有明确的任务目标,从而有助于引导学生边学边做,增强了学生的学习主动性和职业能力。书中有63个二维码,内容包括视频、音频、补充阅读材料,可扫书中二维码学习。本书配有电子课件,可在重庆大学出版社官网下载。

本书可作为高职高专园林技术和园林工程技术专业的教材,也可作为本科院校的职业技术,成人教育园林相关专业的教材,还可作为园林设计、施工人员的参考用书和自学用书。

图书在版编目(CIP)数据

园林树木 / 何会流主编. -- 2 版. -- 重庆:重庆
大学出版社, 2024.7
高等职业教育园林类专业系列教材
ISBN 978-7-5689-1474-1

Ⅰ. ①园… Ⅱ. ①何… Ⅲ. ①园林树木—高等职业教
育—教材 Ⅳ. ①S68

中国国家版本馆 CIP 数据核字(2023)第 124208 号

高等职业教育园林类专业系列教材
园林树木
第 2 版
主 编 何会流
副主编 王友国 鲁亚都 张宜波 杨清波
策划编辑:何 明
责任编辑:何 明 版式设计:莫 西 何 明
责任校对:谢 芳 责任印制:赵 晟

*

重庆大学出版社出版发行
出版人:陈晓阳
社址:重庆市沙坪坝区大学城西路 21 号
邮编:401331
电话:(023)88617190 88617185(中小学)
传真:(023)88617186 88617166
网址:http://www.cqup.com.cn
邮箱:fxk@ cqup.com.cn(营销中心)
全国新华书店经销
重庆长虹印务有限公司印刷

*

开本:787mm×1092mm 1/16 印张:14.75 字数:370 千
2019 年 9 月第 1 版 2024 年 7 月第 2 版 2024 年 7 月第 3 次印刷
印数:4 001—7 000
ISBN 978-7-5689-1474-1 定价:59.00 元

编委会名单

主　任	江世宏			
副主任	刘福智			
编　委	卫　东	方大凤	王友国	王　强	宁妍妍

编写人员名单

主　编　何会流　重庆城市管理职业学院

副主编　王友国　重庆城市管理职业学院

　　　　鲁亚都　重庆天朗景观设计工程有限公司

　　　　张宜波　重庆天朗景观设计工程有限公司

　　　　杨清波　重庆融创物业管理有限公司

参　编　潘耕耘　普洱学院

　　　　陈　锋　重庆自然博物馆

　　　　彭金根　深圳职业技术大学

　　　　杨旭明　重庆天朗景观设计工程有限公司

　　　　吴天丰　重庆天朗景观设计工程有限公司

　　　　汪成忠　苏州农业职业技术学院

　　　　仝玉琴　咸阳职业技术学院

　　　　李　勇　重庆水利电力职业技术学院

　　　　张婷婷　重庆建筑工程职业学院

主　审　杨瑞武　四川农业大学

再版前言

本次修订，行业专家积极参与编写，并做了大量调研工作。本书主要特点如下：

突出体现"职业能力为本位，任务目标为驱动，理论实践一体化"的理念，根据专业岗位需求优化整合教学内容，以工作任务为教学单元，以学生为教学主体组织教材修订。

设置若干工作任务。每个工作任务有明确的任务目的，强调在真实情景下组织教学内容，将理论知识和实际应用紧密结合起来。

编写内容紧密结合专业特点，结合当前行业实际做了内容调整，其他相关课程有涉及的尽量减少。同时以图代文，图文并茂，基本保证每种植物有2～4张实图。突出实用性、可操作性，体现职业性、实践性、适用性。本次修订增加二维码63个，内容包括视频、音频、补充阅读材料，可扫书中二维码学习。增加了项目5科属索引，方便读者查阅。

本书由何会流任主编，王友国、鲁亚都、张宜波、杨清波任副主编。潘耕耘、陈锋、彭金根、汪成忠、仝玉琴、李勇、张婷婷参编。具体编写修订任务为：绪论，王友国、何会流；项目1，陈锋、何会流；项目2，仝玉琴、何会流、彭金根；项目3，李勇、何会流；项目4，王友国、彭金根；项目5任务1，鲁亚都、何会流、李勇；项目5任务2，何会流、王友国、潘耕耘、鲁亚都、张宜波、杨清波、汪成忠、张婷婷；项目5任务3，张宜波、何会流、吴天丰、仝玉琴；项目5任务4，潘耕耘、彭金根；项目5任务5，杨清波、杨旭明、吴天丰、彭金根。全书由何会流负责统稿，杨瑞武教授主审。

修订编写过程中，四川美术学院风景园林22级研究生徐敏、徐晓慧；重庆天朗景观设计工程有限公司杨露、朱世林；重庆城市管理职业学院园林20级罗枫莹等同学提供了帮助。此外，四川美术学院风景园林、重庆机电职业技术大学环艺、普洱学院园林的21级同学们提供了音视频素材，在此一并致谢。本书引用了国内外教材资料以及图片，在此表示衷心感谢。

由于编者学识有限，书中难免有疏漏之处，敬请专家和读者提出宝贵意见，批评指正。

编　者
2024 年 5 月

目 录

绪 论

[知识目标]

- 理解园林、园林树木等相关概念；
- 了解我国园林树木资源特点及引种驯化状况。

1. 园林树木的概念及主要内容

1) 概念

（1）园林　过去，人们常将"种植花木，兼有亭阁设施，以供人游赏休息的场所"视作园林。时至今日，随着经济的发展、社会的进步，园林的内涵与外延均得到很大的拓展，除常见的公园、植物园、动物园、庭园、宅园等属于园林之范畴外，风景名胜区、旅游景点、自然保护区、校园、小游园、花园、各类广场、特色街道以及各类专类园，如岩石园、百草园、山茶园、杜鹃园、蔷薇园、牡丹园等均属于广义的园林范围。

我国古籍中，受建园目的、性质以及规模等影响，园林有"园""圃""苑""园亭""庭园""园池""山池""池馆""别业""山庄"等别称，美、英各国则有"Garden""Park""Landscape Garden"等称谓。无论园林的名称如何改变，其都有共同点，即在一定的地域内，通过筑山、叠石、理水、栽花种草、营造建筑和布置园路等工程技术和艺术手段，充分利用并改造天然山水地形地貌，构筑适合人们观赏、游憩、娱乐、居住的优美环境。

（2）园林树木　"树木"是木本植物的总称，包括乔木、灌木和木质藤本以及竹类植物。"园林树木"则是指凡适合于风景名胜区、休疗养胜地和城乡各类型室内外园林绿地应用的木本植物的统称，是"树木"的重要构成部分之一。

园林树木是园林绿化中的骨干材料之一，其枝干、叶、花、果、姿，乃至根各具特色，美丽无比，是园林造景中的重要观赏点。

2) 主要内容

"园林树木"作为园林类专业的基础课程之一，主要阐述园林树木的种类、形态特征、生长习性、分布范围、观赏特性及其在园林建设中的应用等内容。

《园林树木》主要阐述园林树木的分类、园林树木的功能、园林树木的生长发育规律、园林树木调查与规划等内容，并以园林树木的识别与应用为主线，着重介绍当前园林建设中常见应用的 80 科 200 多属近 400 种园林植物的形态特征、生长习性、分布范围、观赏特性及其园林用途。

2. 我国园林树木资源特点及引种驯化状况

1) 资源特点

　　我国疆域辽阔、地形复杂多变、气候温和以及地史变迁等原因,为我国拥有包括园林树木在内丰富的物种资源奠定了坚实基础,也为我国赢得了"世界园林之母"的美誉。

　　(1) 种类繁多　　我国园林树木种类繁多,原产我国的树种在世界树种种数中占有很高的比例,深受世人瞩目。据不完全统计,地球上有高等植物约 35 万种,原产我国的约 3 万种(其中园林树木超过 8 000 种),远超其他大多数国家。

　　我国园林树木资源丰富,尤以西南地区更为明显,该地区植物种类为毗邻的印度、缅甸、尼泊尔等国的 4～5 倍,已形成世界著名园林树木的分布中心之一。

　　(2) 分布集中　　我国不仅园林树木种植资源丰富,还具有分布相对集中的特点。很多著名的园林树木,原产地即以我国为其分布中心,且其大量种类集中分布于相对较小的区域内(表0.1),我国部分原产树种占世界总种数的百分比。

表 0.1　我国部分原产树种占世界总种数的百分比

属　　名	国产种数/种	世界总种数/种	国产占比/%	备　　注
金粟兰	15	15	100	
蜡梅	6	6	100	
泡桐	9	9	100	
刚竹	40	50	80	主产黄河以南
山茶	195	220	89	西南、华南为分布中心
猕猴桃	53	60	88	
木犀	25	40	63	主产长江以南
丁香	25	30	83	主产东北至西南
油杉	9	11	82	主产华东、华南、西南
石楠	45	55	82	
溲疏	40	50	80	西南为分布中心
蚊母树	12	15	80	主产西南、华东、华南
槭	150	205	73	
花楸	60	85	71	
蜡瓣花	21	30	70	主产长江以南
椴树	35	50	70	主产东北至华南
紫藤	7	10	70	
爬山虎	9	15	60	

续表

属　名	国产种数/种	世界总种数/种	国产占比/%	备　注
海棠	22	35	63	
栒子	60	95	63	西南为分布中心
绣线菊	65	105	62	
南蛇藤	30	50	60	

（摘自《观赏树木》，潘文明，2009）

（3）特点突出　我国原产的众多园林树木中，经过园林工作者的长期努力，选育出很多特点突出、极具观赏价值的品种及类型。如我国特有的植物科有银杏科、珙桐科、杜仲科、水青树科等；特有的属则有银杉属、金钱松属、水松属、水杉属、白豆杉属、福建柏属、结香属、蜡梅属、梧桐属、喜树属、石笔木属、青檀属等；特有的种则数不胜数；生产中培育出的独具特色的品种及类型则主要有龙游梅、绿萼梅、黄香梅、红花含笑、重瓣杏花等，深受世人瞩目。

2）引种驯化状况

树木的引种、驯化主要为丰富当地树种资源，提高生物多样性以及满足景观生态平衡的需要而采取人工栽培手段，使野生树木成为栽培树、外地树成为本地树的技术经济活动。引种是从无到有的过程，驯化则是改造引进树木习性确保引种成功的过程。

我国在树木引种和驯化培育方面有着悠久的历史。引种方面，我国西汉时期即自西域引进石榴、葡萄，后来从印度引入菩提树。19世纪中叶后，我国引进了大量园林树木，极大程度地丰富了我国园林树木种质资源，如引进日本的五针松、樱花、黄杨，印度的雪松，澳大利亚的桉树、红千层、银桦、南洋杉，北美的刺槐、池杉、广玉兰、湿地松、火炬松，非洲的凤凰木，地中海地区的月桂、油橄榄等；驯化培育方面，除经过长期栽培实践，培育出龙游梅、黄香梅等名贵树种外，园林工作者还从全国各地的野生树木资源中发掘并驯化了水杉、擎天树、水冬瓜、金花茶等绿化观赏树种。

总体而言，我国在园林树木的引种和驯化培育方面做了大量工作，尤其是植物引种取得了令人可喜的成绩。但也存在诸多问题，主要表现在对我国原产树木资源的开发利用方面做得不够，与我国作为植物资源大国的地位极不相符，如珙桐、连香树、领春木、香果树等我国的珍稀优良树种，在国内园林绿化中应用很少，但在欧洲园林中却十分常见。

3. 园林树木的学习方法

园林树木种类繁多，受分布范围的气候环境等影响，其形态各异、习性不同，相应知识点较为分散零乱。为此，在园林树木的课程学习过程中，要勤于观察、善于动手、多对比识记、归纳总结，做到理论与实践相结合。尤其应综合运用比较学习法、归纳总结法等，分清主次、善抓重点，在识别园林树木的基础上，掌握园林树木的分布范围、生长习性以及园林用途等。

学习过程中，建议时常关注《中国植物志》、中国科学院植物研究所、国家植物园等权威网站信息，了解行业最新动态及未来发展趋势，合理使用"形色""花伴侣"等识别植物的辅助App，提升学习效率，巩固学习效果。

此外，园林树木的学习还要充分利用身边的学习资源，不放过身边的任何学习机会，建议从接触最多的校园中、道路绿地中的园林树木开始,逐渐扩大认知范围,不断积累,不断拓展知识面,为后续专业课程的学习奠定坚实基础。

【自测训练】

一、名词解释

园林　　园林树木

二、简答题

1.简述中国园林树木资源的特点。

2.简述园林树木在城乡建设中的作用。

三、论述题

《园林树木》在园林专业课程中的地位如何?它与其他学科间的关系是什么?

项目 1 园林树木的分类

[知识目标]

● 了解植物物种及分类学基本概念；
● 了解植物分类的基本原理、掌握植物命名法；
● 掌握植物分类基本单位；
● 了解植物检索表的编制及应用。

[能力目标]

● 能解释植物物种的概念；
● 能正确写出植物拉丁学名；
● 初步应用植物检索表进行物种鉴定。

任务 1 植物分类的必要性

[任务目的]

通过本任务的学习，了解地球上植物的种类，理解植物分类的重要性。

1) 地球上植物的种类

地球上现存的植物种类约有 50 万种，分为低等植物和高等植物。低等植物包括藻类植物、菌类植物和地衣；高等植物包括苔藓植物、蕨类植物、裸子植物和被子植物。其中，仅属于高等植物的就有 20 余万种，我国有高等植物 3 万余种。

2) 分类的必要性

（1）科学研究的需要 植物是生物界的重要组成部分，在生物界里，每一种植物都有一个自己的位置，就像是每一个人都有一个身份证一样。植物分类学家的一项重要任务就是对植物进行系统分类，给予科学的名称。每种植物有了自己科学的名称后，就方便专业的沟通与交流。

（2）现实生活的需要 植物分类不仅仅是植物分类学家的科研工作，而且与普通大众现实生活息息相关。地球上植物种类约 50 万种，不仅种类多，而且形态各异，对不熟悉的人而言，简直是杂乱无章。比如去花卉市场或苗木基地购买含,中国就有木兰科含笑属植物41种,面对这么多种含笑,如果没掌握植物分类学知识,就没办法去鉴别和购买。因此,掌握基本的植物分类学知识也是我们现实生活所必需的。

任务2 植物自然分类学方法

[任务目的]

通过本任务的学习,要求了解植物分类基本单位、几个自然分类系统;理解植物命名的基本概念。

1)自然分类系统的基本原则

(1)物种(Species) 物种简称为"种",是植物分类学的基本单位,也是自然界中客观存在的一个类群,这个类群中的所有个体都有着极其近似的形态特征和生理、生态特性,个体间可以自然交配产生正常的后代而使种族延续,它们在自然界又占有一定的分布区域。物种间除了形态特征的差别外,还存在"生殖隔离"现象。

(2)亚种(Subspecies) 它是种内的变异类型,除在形态构造上有显著的变化特点外,在地理分布上也有一定较大范围的地带性分布区域。

(3)变种(Varietas) 它也是种内的变异类型,虽然在形态构造上有显著变化,但是没有明显的地带性分布区域。

(4)变型(Forma) 它是在形态特征上与原种变异更小的类型,如花色的不同,花的重瓣或单瓣,毛的有无,叶面上有无色斑等。

(5)品种(Cultivar) 它是由人工培育而成的,作为农业、园艺、园林生产资料,不存在于自然界中。

2)植物分类的单位

植物分类的单位主要为6个:门、纲、目、科、属、种。具体分类实践中常用的是科、属、种3个。如果在种内某些个体之间有显著差异,可以差异大小,再分为亚种、变种、变型等。

3)植物命名法

无论是对植物进行研究,还是进行开发利用,首先必须给它一个名称。但是由于国家、地域、民族的差异,往往出现同物异名或同名异物的现象。为了便于各国学者的学术交流,必须按统一的规则对植物进行命名。现行的植物命名采用双命名法(binomial system)。

双命名法就是指用拉丁文给植物的种取名,每一种植物的种名,都是由两个拉丁词或拉丁化形式的字构成的,第一个词是属名,相当于"姓";第二个词是种加词,相当于名。一个完整的学名还需要加上最早给这个植物命名的作者名,故第三个词是命名人。属名+种加词+命名人是一个完整学名的写法。例如,月季学名为 *Rosa chinensis* Jacq.。

植物的属名和种加词,都有其定义和来源以及具体规定。

(1)属名 一般采用拉丁文的名词,书写时第一个字母一律大写,且要斜体,如 *Rosa*。

(2)种加词 大多为形容词,少数为名词的所有格或为同位名词,书写时为小写,也要斜体,如 *chinensis*。

（3）命名人　通常以其姓氏的缩写来表示，并置于种加词后面。命名人要拉丁化，第一个字母要大写，缩写时一定要在右下角加省略号"．"，如 Linnaeus（林奈）缩写为 L.。

双命名法对植物学的发展具有极其重要的意义，不仅可以消除植物命名中的混乱现象，还可以大大地推动国际交流。

亚种、变种、变型的学名采用三名法。在种的学名之后加上 subsp. 或 ssp.、var.、f. 等缩写，再加上亚种、变种、变型的拉丁名以及定名。如黄葛树是绿黄葛树 *Ficus virens* Ait. 的变种，其学名为，黄葛树 *Ficus virens* Ait. var. *sublanceolata*（Miq.）Corner。栽培品种的学名如绒柏 *Chamaecyparis pisifera*（Sieb. et Zucc.）Endl. 'Squarrosa'，将品种名放在''之间。或者在原种的学名之后加上 cv. 和品种名，如绒柏 *Chamaecyparis pisifera*（Sieb. et Zucc.）Endl. cv. Squarrosa。

4）自然分类系统中几个主要系统的特点简介

（1）恩格勒分类系统　恩格勒（德国）编写了《植物自然分科志》和《植物分科志要》两本巨著，系统地描述了全世界的植物，内容丰富，很多国家采用了这个分类系统。其特点如下：

①认为单性而又无花被（柔荑花序）是较原始特征。

②认为单子叶植物较双子叶植物原始。1964 年修订后，把双子叶植物放在前边，便于同其他植物学家统一。

③目与科的范围较大。

该系统较稳定而实用，例如，《中国树木分类学》《中国高等植物图鉴》《中国植物志》均采用本系统。

（2）哈钦松分类系统　哈钦松（英国）编写了《有花植物志科》，继承了虎克和边沁系统和柏施进化学说。其特点如下：

①认为单子叶植物比较进化，排在双子叶植物之后。

②乔木为原始性状，草本为进化性状。

③目与科的范围较小。

目前认为该系统较为合理，但没有包括裸子植物。中国南方多采用此系统。

（3）克朗奎斯特系统　该分类系统是美国学者克朗奎斯特 1958 年发表的，该系统接近于塔赫他间系统。其特点如下：采用真花学说及单元起源的观点，认为有花植物起源于一类已经绝灭的种子蕨；现代所有生活的被子植物亚纲，都不可能是从现存的其他亚纲的植物进化来的。克朗奎斯特系统在各级分类系统的安排上，似乎比前几个分类系统更为合理，科的数目及范围较适中，有利于教学使用。

任务3　人为分类法

［任务目的］

●通过本任务的学习，了解植物人为分类法的种类及特点。

1. 根据树木的生长习性分类

（1）乔木类　树体高大，有明显的高大主干。按高度分为小乔（6～10 m）、中乔（10～20 m）、大乔（20～30 m）、伟乔（30 m 以上）。如黄葛树、榕树、樟、乐昌含笑、白兰、荷花玉兰、梧桐等。本类按生长速度可分为速生树(快长树)、中生树、慢长树三类。

(2)灌木类　树体矮小(通常在6 m以下),主干低矮。如月季花、红花檵木、山茶、含笑花、小叶女贞、十大功劳、棕竹、鹅掌柴、紫叶李、南天竹、乌柿等。

(3)竹类　具有明显的节和节间,主茎多中空。如凤尾竹、硬头黄竹、毛竹、佛肚竹、小琴丝竹、龟甲竹、斑竹等。

(4)藤本类　能缠绕或攀附他物而向上生长的木本植物。根据其生长特点又可分为绞杀类、吸附类、卷须类和蔓条类等类别。如常春藤、紫藤、凌霄、常春油麻藤、使君子等。

(5)匍地类　干、枝等均匍地生长,与地面接触部分可生出不定根而扩大占地范围,如铺地柏。

2. 根据树木对环境因子的适应能力分类

1)温度因子

根据植物对温度的不同要求,可以分为如下植物:

(1)热带植物　如菩提树、印度榕、龙船花、椰子、槟榔、南洋杉、番木瓜、橡胶树等。

(2)亚热(暖)带植物　如水杉、马尾松、山杜英、黄葛树、榕树、木犀、樟、栲、白兰、合欢等。

(3)温带植物　如榆树、白桦、鹅耳枥、米心水青冈、华山松、百合等。

(4)寒带植物　如落叶松、冷杉、红桦、珍珠梅等。

2)光照因子

(1)光强

①阳性植物(喜光植物):在强光环境中生长发育健壮,在荫蔽和弱光条件下生长发育不良的植物称为阳性植物。如银杏、红花檵木、小蜡、火棘、叶子花、石榴、月季花等。

②阴性(耐阴)植物:较弱光照下比在强光照下生长良好的植物。如八角金盘、红豆杉、棕竹、刺柏、无花果、瑞香、紫金牛、散尾葵等。

③中性植物:不论日照时间是长是短,都可形成花芽的植物。如木犀、榆树、侧柏、元宝枫榕树等。

(2)光照时间

①长日照植物:植物在生长发育过程中需要有一段时期光照,如果每天光照时数超过一定限度(12 h以上)才能形成花芽,日照时间越长,开花越早,凡具有这种特性的植物即称为长日照植物。如绣球。

②短日照植物:日照时间短于一定数值(一般12 h以上的黑暗)才能开花的植物。如一品红。

③日中性植物:只要其他条件合适,在什么日照条件下都能开花。如月季、朱槿等。

3)水分因子

(1)旱生植物　通过形态或生理上的适应,可在干旱地区保持体内水分以维持生存的植物。如柽柳、沙拐枣、侧柏等。

(2)中生植物　形态结构和适应性均介于湿生植物和旱生植物之间,不能忍受严重干旱或长期水涝,只能在水分条件适中的环境中生活,陆地上绝大部分植物皆属此类。如木犀、月季花、东京樱花、山茶、日本珊瑚树、蜡梅等。

(3)湿生植物　生长在过度潮湿环境中的植物。如落羽杉、池杉、水松、水杉等。

(4)水生植物　能在水中生长的植物。常见为草本植物。木本植物如红树、海桑。

4)土壤因子

(1)酸性土植物　如马尾松、杜鹃、展毛野牡丹、杜英、山茶等。

(2)碱性土植物　如十大功劳、黄荆、柏木、南天竹、石榴、紫藤、花椒等。

(3)中性土植物　如樟、楠木、皱皮木瓜等。

(4)耐贫瘠植物　如马桑、火棘、胡颓子、黄荆、沙棘等。

(5)喜肥植物　如栀子、茉莉花等。

5)气体因子

植物还可以根据抵抗有毒有害气体进行分类。例如,抗风植物:巴东栎、黄杨、白杨等;抗烟尘植物:樟、女贞、国槐、夹竹桃等;抗烟害和有毒气体植物:日本珊瑚树、海桐、构树等;抗粉尘植物:夜香树、夹竹桃、木犀等。

3.根据树木的观赏特性分类

1)观赏部位

(1)观形类　如塔柏、绣球、雪松、罗汉松、榕树、水杉、垂柳、灯台树等均是优良的观树形植物。

(2)观花类　植物形状各异,大小不同,色彩鲜艳,各种类型的花序,造就了不同景观效果。玉兰一树千花、亭亭玉立;梅花形态、色彩、香味三者兼有;石榴红似火、金桂仲秋黄。有些植物还有独特香味,如桂花、蜡梅、含笑等。

(3)观果类　果实的形态和颜色组成了丰富的果实类型。观形的如佛手、柚、槐树、猫尾木等;观色的如火棘、南天竹等。

(4)观叶类　植物叶的形态、颜色、质地、叶缘等组成了丰富的叶型。如棕竹的掌状叶、紫荆的心形叶、马尾松的针形叶、水杉的条形叶等。

(5)观茎、干类　如悬铃木、毛竹、紫竹、白皮松、木棉、白桦、红瑞木等。

(6)观根类　常见如雅榕的气生根;热带雨林地区高榕、刺桐的板根;水边湿地水松、落羽杉、池杉等形成的膝根(呼吸根)。

2)观赏花期

(1)春花类　2—4月开花:如野迎春、梅、皱皮木瓜、紫藤、紫荆等。

(2)夏花类　5—7月开花:如石榴、茉莉花、紫薇、羊蹄甲、含笑花等。

(3)秋花类　8—10月开花:如木犀、木芙蓉、决明、山茶等。

(4)冬花类　11—翌年1月开花:如蜡梅、冬樱花、油茶、枇杷等。

4.根据树木在园林绿化中的用途分类

(1)独赏树　主要表现树木形体美,可独立成为景物作观赏用,如董棕、假槟榔、雪松、紫薇、黄葛树、榕树、合欢等。

(2)庭荫树　枝繁叶茂,供庇荫纳凉和装饰用,如黄葛树、榕树、白兰、木犀、樟、蓝花楹等。

(3)行道树　用于道路两侧,以营荫、增绿为主要目的栽植的乔木树种,如天竺桂、榕树、杜英、银杏、水杉、印度榕、凤凰木、木棉等。

（4）花灌木类　用于观花、观果或闻香的灌木类或丛木类。如皱皮木瓜、含笑花、乌柿、紫薇、海桐等。

（5）防护树类　防风固沙的树木。该类树种具有耐旱、耐瘠薄、抗风、根系较深等特点。如垂柳、枫杨、桉、复羽叶栾树、响叶杨等。

（6）木质藤本类　一些藤木类,用于园林长廊、棚架、拱门、台柱、树桩、墙面等的垂直绿化,可增强城市立体绿化的效果。如紫藤、常春藤、常春油麻藤、使君子、凌霄、忍冬等。

（7）植篱类　在园林中起分割空间、范围、遮蔽视线、衬托景物、美化环境及防护作用等。如枸骨、日本珊瑚树、小蜡等。

（8）地被类　木本植物中以矮小丛木、偃伏性的灌木以及藤木均可作地被。如铺地柏、偃柏等。

（9）其他（盆栽、室内装饰）　仿效自然界的古树奇姿,经艺术加工而成的树木。如榕树、火棘、紫薇、乌柿、乌桕等。

5. 根据树木经济用途分类

（1）材用植物　如马尾松、杉木、柏木、青冈、白栎、桉、响叶杨等。

（2）药用植物　如忍冬、十大功劳、黄芦木、女贞、红豆杉、紫珠等。

（3）纤维植物　如椴树、桑、构树、硬头黄竹、慈竹等。

（4）蜜源植物　如火棘、含笑花、山茶、木犀、月季花、金樱子、小蜡等。

（5）工业原料植物　如盐肤木、漆树、乌桕、化香树、樟等。

任务4　植物检索表

［任务目的］

● 通过本任务的学习,理解植物检索表编制的基本原理,并能应用平行检索表和定距检索表进行植物的简单鉴定和检索表的初步编制。

1）植物分类检索表的编制原则和方法

植物分类检索表采用二歧归类方法编制而成,即用非此即彼两相比较的方法区别不同类群或不同种类的植物。

编制植物分类检索表时,应先把植物的主要鉴别特征挑选出来。按二歧原则,用两个相对立的特征把植物分为两大组,并编列成相对的项号,每组中再用两个相对立的特征将其分为两小组,再编列成相对应的项号。就这样严格按照二歧原则逐级分下去,直至分出所应包含的全部植物为止。例如,选取悬铃木、花椒、木犀、槐、梅5种植物编制检索表如下:

2）平行检索表

将每一对互相矛盾的特征紧紧并列,在相邻的两行中也给予一个号码,如1.1;2.2;3.3等,而每一项条文之后还注明下一步依次查阅的号码或所需要查到的对象。

1.羽状复叶 ………………………………………………………………………………	2
1.单叶 ……………………………………………………………………………………	3
2.植物体有刺、菁荚果 ………………………………………………………………	花椒
2.植物体无刺、荚果 …………………………………………………………………	槐
3.叶对生,芽叠生 …………………………………………………………………	木犀
3.叶互生,单芽 ……………………………………………………………………	4
4.叶掌状分裂,头状果序,柄下芽 ……………………………………………	悬铃木
4.叶不分裂,核果,腋芽 ………………………………………………………	梅

3)定距检索表

　　将每一对互相矛盾的特征分开间隔在一定的距离处,编好序号后,按一定的距离排列,如1~1、2~2、3~3等。后一个序号比前一个序号向右缩进一定距离,如一格或两格,而相同的序号在相同的位置上并列,依次检索到所要鉴定的对象。

　　1.羽状复叶
　　　2.植物体有刺、菁荚果 ……………………………………………………………… 花椒
　　　2.植物体无刺、荚果 ………………………………………………………………… 槐
　　1.单叶
　　　3.叶对生,芽叠生 …………………………………………………………………… 木犀
　　　3.叶互生,单芽
　　　　4.叶掌状分裂,头状果序,柄下芽 ………………………………………………… 悬铃木
　　　　4.叶不分裂,核果,腋芽 …………………………………………………………… 梅

实训1　园林树木检索表的编制和应用

1)目的与要求

　　(1)了解植物分类检索表的种类和编制原理。
　　(2)初步掌握植物分类检索表的编制和使用方法。

2)药品、用具与材料

　　(1)药品　无水乙醇。
　　(2)用具　解剖镜、放大镜、直尺、镊子、纱布、解剖刀、解剖针、枝剪。
　　(3)材料　马尾松、罗汉松、柳杉、黄葛树、杨树、樟、天竺桂、木犀、山茶、荷花玉兰等带花或果的枝条或腊叶标本。
　　(4)工具书　本省(市)植物志、园林树木学检索表等。

3)实训安排

　　(1)1学时,熟悉校园植物,并采集5种分类学特征较完整的植物标本。
　　(2)实验室内,1学时进行物种特征归类和检索表编制。

4)方法步骤

　　(1)熟悉校园植物,并采集5种分类学特征较完整的植物标本。
　　(2)实验室内,从生长型、根、茎、叶、花、果实和种子等方面,对采集的5种植物进行归类比较。

（3）按平行检索表或定距检索表格式对 5 种植物进行检索表编制。

（4）以较为常见的"马尾松、罗汉松、樟、木犀、山茶"5 物种，以定距检索表的方式编制检索表，以供参考。

1. 无果皮，种子裸露
 2. 叶为针形 ·· 马尾松
 2. 叶为条形 ·· 罗汉松
1. 有果皮，种子包被，发育为果实
 3. 叶对生 ·· 木犀
 3. 叶互生
  4. 灌木 ·· 山茶
  4. 乔木 ·· 樟

5）实训作业

（1）选择校园常见的 5 种植物，并进行检索表编制。

（2）列出本地区重要园林树种，并列出其主要识别要点。

【拓展提高】

1）植物分类检索表的使用方法

植物分类检索表的使用和编制是两个相反的过程。使用检索表时，检索者应具备一定的植物形态学知识，还需要有几份较完整的标本。以定距式检索表查法为例，学习使用方法。首先应全面仔细地观察标本，特别是花和果实的特征。先查第一个 1 项（前 1 项），如该项所列特征与待鉴定植物特征相符，就接着查第 2 项（前 2 项）；如不符就查第二个 1 项（后 1 项）。如前 1 项相符，前 2 项不符，就该查后 2 项；如果前 1 项和前 2 项都相符，就查前 3 项，以此类推，直至查到该植物所对应的分类群或植物名称为止。

2）使用植物分类检索表应注意的事项

使用植物分类检索表鉴定植物是否准确，客观上取决于标本的质量和数量。植物分类检索表编写的水平，主观上受限于使用者对植物形态名词术语理解的准确性，以及观察事物的方法和能力，使用植物分类检索表时应注意以下几点：

（1）植物标本必须比较完备且具有代表性。木本植物要有茎、叶、花和果实；草本植物应有根、茎、叶、花和果实。还应附有野外采集原始记录。由于植物有阶段性发育的特点，在实际工作中很难采集到一份根、叶、花和果实同时具备的植物标本，因此，用植物分类检索表鉴定植物时，最好多准备几份标本，以便相互补充。

（2）需备必要的解剖用具，如镊子、解剖针、刀片、尺子和工具书，如《中国植物志》《中国高等植物图鉴》或各地的植物志。

（3）使用植物分类检索表的人必须准确理解植物形态名词术语的含义，并且要认真细致地观察植物的形态特征。

（4）对于尚不知属于何种类群的植物，要按照分类阶层由大到小的顺序检索，即先检索植物分门检索表，依次再查植物分纲、分科、分属和分种检索表。由于大多数植物工作者都能凭掌握的植物学知识和经验判断出植物所属的科和属，因此，植物分类中最常用的检索表是植物分科检索表、植物分属检索表和植物分种检索表。

（5）植物分类检索表中,植物出现的顺序取决编制检索表的人所选取植物特征的先后,并不能反映植物间的亲疏关系。

【自测训练】

1.地球上植物有如此多的种类,它们是怎样进化来的;它们之间有何异同;如何识别它们?

2.分析植物双命名法的优缺点,是否还有比它更适用的植物命名法?

3.以学校校园或周边公园园林树木为对象,选择一种人为分类方法对园林树木进行分类。

项目 **2** 园林树木的功能

[知识目标]

- 掌握园林树木观赏特性、了解园林树木意境美；
- 了解园林树木改善和保护环境的作用；
- 了解园林树木的生产功能。

[能力目标]

- 能够运用形态术语表述园林树木形态；
- 能够运用园林树木的基本知识,进行选择和配置树种。

任务1 园林树木的美化功能

[任务目的]

- 了解园林树木各器官的观赏特性；
- 了解园林树木美化功能的表现形式。

园林树木在园林建设中起着骨干作用,不论是乔木、灌木、藤本,还是观叶、观花、观果的树种,都具有色彩美、姿态美、意境美。它们都能发挥个体或群体美的观赏作用。树木之美除其固有的色彩、姿态、意境美外,还能随着季节和年龄的变化而有所丰富和发展,而且随着光线、气温、气流、雨、雾等气象上的复杂变化而形成朝夕不同、四时互异、千变万化、丰富多彩的景色变化,使人们感受到动态美和生命的节奏。

1.园林树木的形态美

园林树木种类繁多,体态各异,其千姿百态是设计构景的基本因素。如松树的苍劲挺拔,毛白杨的高大雄伟,牡丹的娇艳,碧桃的妩媚,各有其独特之美。不同形态的树木经过艺术配置可以加强地形起伏,产生丰富的层次感和韵律感,形态独特的树木也可孤植成景。园林树木的形态美影响着景观的统一性和多样性,对园林意境的创造也起着巨大的作用。树木的形态主要是由树干、树冠,以及树皮、树根等组成。

1)树干的主要形态

（1）直立干　也称为独立干。高耸直立,给人以挺拔雄伟之感,如毛白杨、水杉等。

（2）并生干　也称为对立干或双株干。两干从下部分枝而对立生长,如刺槐、臭椿等。

（3）丛生干　由根部产生多数之干,如千头柏、南天竹、迎春、珍珠梅、麻叶绣线菊等。

（4）匍匐干　树干向水平方向发展成匍匐于地面者,如铺地柏、偃柏等。

除此之外还有侧枝干、横曲干、光秃干、悬岩干、半悬岩干等各种形态。

2)树冠的主要形态(图2.1)

（1）圆柱形　如塔柏、箭杆杨等。

（2）笔形　如铅笔柏、塔杨等。

（3）尖塔形　如雪松、窄冠侧柏等。

（4）圆锥形　如毛白杨、圆柏等。

（5）卵形　如球柏、加杨等。

（6）广卵形　如侧柏等。

（7）钟形　如欧洲山毛榉等。

（8）球形　如五角枫等。

（9）扁球形　如榆叶梅等。

（10）倒钟形　如槐树等。

（11）倒卵形　如刺槐、千头柏等。

（12）馒头形　如馒头柳等。

（13）伞形　如合欢等。

（14）风致形　由自然环境因子的影响而形成的体形。

（15）棕榈形　如棕榈、椰子等。

（16）芭蕉形　如芭蕉等。

（17）垂枝形　如垂柳等。

（18）龙枝形　如龙爪柳等。

（19）半球形　如金老梅等。

（20）丛生形　如翠柏等。

（21）拱枝形　如连翘等。

（22）偃形　如鹿角柏等。

（23）匍匐形　如铺地柏等。

（24）悬崖形　如生于高山岩石隙中的松树。

（25）扯旗形　如在山脊多风区生长的树木。

还有不规则形的老柿树、枝条苍劲古雅的松柏类。树冠的形状是相对稳定的,并非绝对的,它随着环境条件以及树龄的变化而不断变化,形成各种富于艺术风格的体形。

(1)圆柱形 (2)笔形 (3)尖塔形 (4)圆锥形 (5)卵形 (6)广卵形　(7)钟形　(8)球形　(9)扁球形 (10)倒钟形

(11)倒卵形 (12)馒头形　(13)伞形　(14)风致形　(15)棕榈形 (16)芭蕉形 (17)垂枝形 (18)龙枝形 (19)半球形

(20)丛生形 (21)拱枝形　(22)偃形　(23)匍匐形　　(24)悬崖形　　　　(25)扯旗形

图2.1　基本冠形图

3)树木的花、果、叶、皮、枝以及附属物等均有各种美丽的形态

(1)花　花有各式各样的形状和大小。有单花的,如花朵硕大的牡丹,春天盛开,气势豪放。梅花的花朵虽小,"一树独先天下春"。玉兰花,亭亭玉立。有排成式样各异花序的,如合欢的头状花序呈伞房状排列,花丝粉红色,细长如缨。七叶树圆锥花序呈圆柱状竖立于叶蔟中,似一个华丽的大烛台,蔚为壮观。

(2)果　许多园林树木的果实既有经济价值,又有突出的观赏特点,在园林中以观赏为目的而选择观果树种时,除了色彩以外,还要注意选择果实的形状,一般以奇、巨、丰为佳。

①奇:果实的形状奇异有趣,如铜钱树的果实形似铜元、秤锤树的果实如秤锤一样、梓树的蒴果细长如荚,经冬不落。此外,常见如佛手、猫尾木等。

②巨:单体果实较大,如椰子、柚子等,或果实虽小,但果穗较大的如油棕等。

③丰:对于全树而言,无论是单果还是果穗均有一定的丰盛数量,如火棘、枣、南天竹等。

(3)叶　叶的形态十分复杂,千变万化,各有不同。往往叶形奇特的树会引起人们的注意,如鹅掌楸的叶形似马褂、羊蹄甲的叶似羊蹄形、变叶木的叶似戟形、银杏的叶似扇形等。不同形态和大小的叶,具有不同的观赏特性。如棕榈、蒲葵大型掌状叶给人以朴素之感;鸡爪槭的叶会形成轻快的气氛;合欢的羽状叶会产生轻盈的效果。

(4)皮　树皮的外形不同,给人以不同的观赏效果,还可随树龄的变化呈现出不同的观赏特性。如老年的核桃呈不规则的沟状裂者,给人以雄劲有力之感。白皮松、悬铃木、木瓜等具有片状剥落的树皮,给人以斑驳可爱之感。紫薇树皮细腻光滑,给人以清洁亮丽的印象。白桦树皮大面积纸状剥落。还有大腹便便的佛肚竹,别具风格。

(5)枝　枝条的粗细、长短、数量和分枝角度的大小,都直接影响树姿的优美。如油松侧枝轮生、水平伸展,使树冠呈层状,尤其树冠老时更为苍劲。垂柳的小枝,轻盈婀娜,摇曳多姿。一些落叶树种,冬季枝条清晰,衬托蔚蓝色的天空或晶莹的雪地,更具观赏价值。

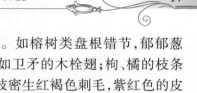

（6）附属物　树木的裸根，突出地面，形成一种独特的景观。如榕树类盘根错节，郁郁葱葱，树上布满气生根。很多树木的刺、毛也有一定的观赏价值。如卫矛的木栓翅；枸、橘的枝条绿色而多刺；刺楸具粗大皮刺等，均富有野趣。红毛悬钩子的小枝密生红褐色刺毛，紫红色的皮刺基部常膨大，尤为可观。另外，花器和附属物的变化。如长柱金丝桃，花朵上的金黄色雄蕊，长长的伸出花冠之外；叶子花的叶状苞片紫红色，似盛开的美丽花朵；珙桐又称鸽子树，其开花时，两片白色的大苞片宛如群鸥栖上枝梢。

2. 园林树木的色彩美

园林树木的各个组成部分如树干、花、果、树冠、树皮等，具有各种不同的色彩，并且随着季节和年龄的变化而呈现出多种多样的色彩。群花开放时节，争芳竞秀；果实成熟季节，绿树红果，点缀林间，为园林增色不少。苏轼《初冬诗》："一年好景君须记，正是橙黄橘绿时。"色彩直接影响室外空间的气氛和情感。鲜艳明快的色彩给人以轻快、欢乐的气氛，而深暗的色彩则给人庄重严肃和郁闷的气氛。

1）花

花朵为最重要的观赏特性，是色彩的来源，是季节变化的标志。它既能反映大自然的天然美，又能反映人类匠心的艺术美，人们往往把花作为美好、幸福、吉祥、友谊的象征。以观花为主的树木独具特点，不同花色可组成绚丽的色块、色带及各种立体图案，在园林中常为主景，配置得当可四时花开不绝。每当花季群芳争艳、芬芳袭人。在景观设计时，还可配置成色彩园、芳香园、季节园等。

（1）红色系花　如山茶、红牡丹、海棠、桃花、梅花、蔷薇、月季花、红玫瑰、垂丝海棠、石榴、红花夹竹桃、杜鹃花、合欢、木本象牙红等。红色能形成热情兴奋的气氛。

（2）黄色系花　如迎春、金钟花、连翘、棣棠、金桂、蜡梅、瑞香、黄花杜鹃、黄木香、黄月季花、黄花夹竹桃、金丝桃、金缕梅等。黄色象征高贵。

（3）白色系花　如白玉兰、广玉兰、白兰花、白丁香、绣球花、白牡丹、刺槐、六月雪、珍珠花、麻叶绣线菊、白木香、白碧桃、梨、白鹃梅、溲疏、山梅花、白梓树、白花夹竹桃、八角金盘、络石等。白色在花坛和切花中非常引人注目，和其他色彩配置在一起，能够起到强烈的对比作用，把其他花色烘托出来。白色给人以清新的感受。白色象征纯洁。

（4）蓝紫色系花　如紫藤、木槿、紫丁香、紫玉兰、毛泡桐、八仙花、牡荆等。蓝色或紫色的花朵给人以安宁和静穆之感。蓝色象征幽静。

2）果

果实极富观赏价值。一般果实的色彩以红色、紫色为贵，黄色次之。果实成熟多在盛夏和凉秋之际。在夏季浓绿、秋季黄绿的冷色系中，有红紫、淡红、黄色等暖色果实点缀其中，可以打破园景寂寞单调之感，与花具有同等地位。在园林中适当配置一些观赏果树，美果盈枝，可以给人以丰富繁荣的感受。

（1）红色　如枸骨、珊瑚树、天目琼花、平枝枸子、葡萄、石榴、南天竹、花椒、杨梅、樱桃、花红、苹果、山楂、枣、黄连木、鸡树条荚蒾、小檗类等。

（2）橙黄色　如银杏、杏、枇杷、梨、木瓜、番木瓜、柚、柑橘类、无患子、柿等。

（3）蓝、紫、黑色　如八角金盘、海州常山、女贞、樟树、桂花、野葡萄、毛梾、十大功劳、君迁子、五加、常春藤、小叶女贞、金银花等。

（4）白色　如红瑞木、湖北花楸、陕甘花楸等。

果实的美化作用除色彩鲜艳外，它们的花纹、光泽、透明度、浆汁的多少、挂果时间的长短等均影响着园林景色。

3) 叶

叶的色彩随着树种及所处环境的不同而不同，尤其是叶色不但因树种不同而异，而且还随着季节的交替而变化。有早春的新绿、夏季的浓绿、秋季的红叶、黄叶之交替，变化极为丰富，若能充分掌握，精巧安排，则可组成色彩斑斓的自然景观。根据叶色特点分以下几类。

（1）绿色类　绿色属于叶子的基本颜色，有嫩绿、浅绿、鲜绿、浓绿、黄绿、蓝绿、墨绿、亮绿、灰绿等差别。将不同绿色的树木搭配在一起，能形成色彩的变换。如在绿色针叶树丛前，配置黄绿色树冠，会形成满树黄花的效果。深浓绿色有圆柏、柳杉、雪松、青扦、侧柏、山茶、女贞、桂花、冬青、枸骨、厚皮香、黄杨、八角金盘、榕树、广玉兰、枇杷、棕榈、南天竹等；浅淡绿的叶色有杨、柳、悬铃木、刺槐、槭类、竹类、水杉、金钱松等。绿色象征和平。

（2）春色叶类　春季新发的嫩叶有显著变化的树种称为"春色叶树"。如石砾、樟树入春新叶黄色，远望如黄花朵朵，幽然如画；石楠、山麻杆、卫矛、臭椿、五角枫、茶条槭早春嫩叶鲜红，艳丽夺目，黄连木春叶呈紫红色，春色叶树给早春的园林带来生机勃勃的气氛。

（3）秋色叶类　秋季叶色有显著变化的树种称"秋色叶树"。秋季观叶树种的选择至关重要，如果树种的选择与搭配得当，可以创造出优美的景色，给人们以层林尽染，"不似春光，胜似春光"之感。秋色叶树以红叶树中最多，观赏价值最大，如槭类、枫香、火炬树、盐肤木、黄栌、黄连木、卫矛、榉树、爬山虎等。秋季树叶也有呈黄色的，如银杏、鹅掌楸、栾树、悬铃木、水杉、落羽杉、金钱松等。

（4）常色叶类　有些树种的变种、变型其常年均为异色，称为"常色叶树"。全年树冠叶为紫红色如紫叶李、紫叶桃、紫叶黄栌等。全年叶为金黄色如金叶鸡爪槭、金叶雪松等。

（5）双色叶类　凡叶片两面颜色显著不同者称"双色叶树"，如银白杨、胡颓子等。

（6）斑色叶类　绿色叶上有其他颜色的斑点或花纹，如变叶榕、变叶木等。

4) 树皮

树皮的颜色也具有一定的观赏价值，特别在冬季具有更大的意义。如白桦树皮洁白雅致，斑叶稠李树皮褐色发亮，山桃树皮红褐色而有光泽。还有紫色树皮的紫竹，红色树皮的红瑞木，绿色树皮的梧桐、棣棠、竹、青榨槭，具有斑驳色彩的黄金嵌碧玉竹等均很美丽，如用绿色枝条的棣棠与终年鲜红色枝条的红瑞木配置在一起，或植为绿篱，或丛植在常绿树间，在冬季衬以白雪，可相映成趣，色彩更为显著。

3. 园林树木的意境美

意境美也称为风韵美，是指树木除了色彩、形态美之外的抽象美，多为历史形成的传统美，是极富思想感情的联想美。它与各国、各民族的历史发展，各地区的风俗习惯，文化教育水平等密切相关。在我国的诗词、歌赋、神话及风俗习惯中，人们往往以某一种树种为对象，而成为一种事物的象征，广为传颂，使树木"人格化"（图2.2、图2.3）。

图2.2　烈士陵园中松柏配置　　　　图2.3　拙政园中荷花配置

传统的松、竹、梅配置在一起称为"岁寒三友"。人们将这三种植物视作具有共同的品格。松苍劲古雅，不畏霜雪，能在严寒中挺立于高山之巅，具经隆冬而不凋、蒙霜雪而不变、高风亮节的品格。竹是中国文人墨客最喜爱的植物之一，"未曾出土先有节，纵凌云处也虚心"，竹潇洒多姿，虚心自持，凌霜傲雪，经冬不凋，宁折不屈，刚正挺拔，被视为有气节的君子。梅也是人们喜爱的植物，元代诗人杨维桢赞其为"万花敢向雪中出，一树独先天下春"。陈毅诗中"隆冬到来时，百花迹已绝。红梅不屈服，树树是立风雪"，象征梅坚贞不屈的品格。园林中可成片栽植，形成梅花山、梅岭等。在现代校园绿化中配置松、竹、梅，对莘莘学子具有深远的教育意义。

《荀子》中有"花大艳丽的牡丹象征国色天香，繁荣兴旺，富丽堂皇，总领群芳，惟我独尊"。花色艳丽、姿态娇媚的山茶象征长命、友情、坚强、优雅和协调。花香袭人的桂花象征庭桂流芳。春色满园的桃、李象征桃李满天下。玉兰、海棠、牡丹、桂花配置一起象征满堂富贵。桑梓表示家乡。杨柳依依表示惜别之情。红豆表示思念。

园林树木美化作用的艺术效果的形成并不是孤立的，而必须全面考虑和安排，作为园林工作者，在美化配置之前必须深刻体会和全面掌握不同树种各个部位的观赏特性，善于继承和发展树木的联想美，从而进行精细搭配，充分发挥树木美对人们精神文明的培育作用，创造出内涵丰富、优美的园林景色。

实训2　叶及叶序的观察

1) 目的要求

通过对树木叶及叶序的观察，掌握叶的外部形态，叶各部分的鉴别特征及叶脉类型、单复叶的区别。了解树种叶的季节特征，为园林种植物设计，选配树种，提供依据。

2) 材料及用具

（1）材料　可根据各地区或一年四季的变化，选取带叶枝条或利用各树种的腊叶标本为材料，只要满足本实训的观察要求即可。

（2）用具　修枝剪、放大镜、镊子、尺子、记录本。

3) 方法步骤

（1）观察叶的组成　托叶、叶柄、叶片。

对准备的新鲜或压制成腊叶标本带叶枝条材料逐一进行观察，填写表2.1，说明哪些是完全叶、哪些是不完全叶。

表2.1　完全叶和不完全叶的代表种

序号	完全叶	不完全叶	序号	完全叶	不完全叶

凡由托叶、叶柄、叶片3个部分组成的叶,称为完全叶。如果缺少其中的一部分或两部分的叶称为不完全叶。

(2)观察叶形、叶尖、叶基、叶缘　观察准备的实训材料中,叶形、叶尖、叶基,运用叶的形态术语,说明它们各有哪些特点?

(3)观察叶脉的种类　观察准备的实训材料有网状脉、平行脉、弧状脉、基出脉、离基脉等。

(4)观察叶序类型　观察准备的实训材料有树种叶互生、对生、轮生、簇生、散生、螺旋状着生方式。

(5)单叶和复叶　观察各树种材料,指出是单叶还是复叶。观察各种形状、质地、色彩的单叶(图2.4),各种色彩、质地的一回或多回奇数羽状复叶、一回或多回偶数羽状复叶、掌状复叶、异形叶。

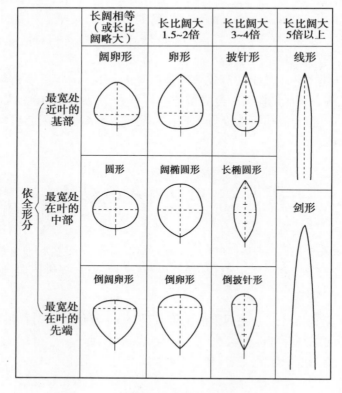

图2.4　单叶形态

(6)观察叶的变态　观察准备的实训材料是否具有托叶刺、叉状叶刺等。

4）**实训作业**

（1）请绘出羽状脉、三出脉、平行脉、五出脉、掌状三出复叶、羽状三出复叶、奇数羽状复叶、偶数羽状复叶、一回奇数羽状复叶、二回奇数羽状复叶的示意图。

（2）对校园内各树种的叶片进行观察，并填写表2.2。

表2.2　叶的形态观察记录表

序号	形态	树种	序号	形态	树种

实训3　茎及枝条类型的观察

1）**目的要求**

通过对园林树木树皮外观、枝条形态及芽形状的观察，掌握芽、枝条、枝条变态、树皮形态特点和术语。能够根据树皮外观、枝条形态和芽的特点进行树种识别。

2）**材料及用具**

（1）材料　采集园林绿地成活常见树种枝条。

（2）用具　刀片、显微镜、枝剪和记录本。

3）**方法步骤**

（1）芽形态观察　选取不同树种枝条观察树种芽的类型。顶芽、侧芽、假顶芽、柄下芽、并生芽、叠生芽、裸芽、鳞芽。用放大镜观察芽的构造。做好观察记录，填写表2.3。

（2）枝条的形态　选取不同树种枝条进行观察枝条的节、节间、叶腋、腋芽、顶芽、叶痕、叶迹、皮孔、分枝形式。做好观察记录，填写表2.3。

表2.3　茎的形态观察记录表

序号	形态	树种	序号	形态	树种

4）**实训作业**

（1）绘制顶芽、侧芽、假顶芽、柄下芽、并生芽、叠生芽形态术语的示意图。

（2）能运用枝、芽的形态术语，准确描述所观察的各种树种的茎及枝条特征。

任务 2　园林树木的生态功能

[任务目的]

- 掌握园林树木改善环境的作用。
- 了解园林树木保护生态环境的作用。

1. 园林树木改善环境的作用

1）净化空气功能

（1）吸收 CO_2 放出 O_2　由于城市人口密集、燃料燃烧时排放 CO_2，当 CO_2 浓度高达一定量时，人们就会感到呼吸不适，甚至会造成人员死亡。而园林树木能通过光合作用吸收 CO_2 放出的 O_2，在城市绿化建设中要提高绿地面积，通过树木吸收 CO_2 制造 O_2，来满足人们心身健康的需要。

（2）吸收有害气体　工业生产过程中产生的有毒气体，使环境污染日趋严重。冶炼企业产生的 SO_2，导致人呼吸困难，甚至死亡。磷肥厂产生的 HF，对人体的危害比 SO_2 大 20 倍。Cl_2、HCl、光化学烟雾等对人体也造成危害。实验证明，许多园林树木能吸收不同的有种害气体，最高可达正常含量的 5 ~ 10 倍，而本身不受害。如抗 SO_2 有广玉兰、女贞等；抗 HF 有泡桐、悬铃木等；抗 Cl_2 有旱柳、刺槐等；抗 HCl 有合欢、侧柏等；抗 O_3 有银杏、夹竹桃等。

（3）滞尘作用　空气中的灰尘、工厂中的粉尘、车辆和施工车辆带来的扬尘，都是污染环境的有害物质，影响人体健康和安全。而树木的枝叶对空气中的烟尘和粉尘有明显的阻挡、过滤和吸附作用，是空气的天然过滤器。据测定，林地吸附粉尘的能力比裸露地大 75 倍。一般，树冠大而浓密，叶面积大，叶面粗糙、多毛、能分泌黏性油脂的树种能吸附空气中大量微尘及飘尘，如女贞、朴树、柳杉、广玉兰、樟树、枇杷、大叶黄杨、刺槐、构树等。

2）调节气候功能

（1）提高湿度　树木在生长过程中具有蒸腾作用。据实验，森林中空气湿度比城市高 38%。由于树木强大的蒸腾作用，绿化区内湿度比裸地大 10% ~ 26%。

（2）调节气温　由于树冠能遮挡阳光，减少辐射热，从而降低小环境内的温度。据测定，树荫的温度比空旷地降低 5 ~ 8 ℃，而相对湿度增加 15% ~ 20%，所以夏季在树荫处感到凉爽。而树木冬季落叶后，树木较多的小环境中，其气温要比空旷处高。所以树木能调节气温，对小环境起到冬暖夏凉的作用。树种遮阴降温能力取决于树冠大小、叶片的疏密度和质地等。

2. 园林树木保护环境的作用

1）减弱噪声

城市环境中充满各种噪声，超过 70 dB 时，对人体产生不利影响。而园林树木对声波具有散射作用，声波通过时枝叶摆动，使声波减弱并逐渐消失，同时，树叶表面的气孔和绒毛也能吸收部分噪声。据测定，40 m 宽的林带可降低噪声 10 ~ 15 dB，公园中种植成片的树木可降低噪声26～43 dB。城市道路上的行道树对路旁的建筑物可以减弱交通噪声。减弱噪声的树种有雪松、圆柏、云杉、水杉、悬铃木、垂柳、鹅掌楸、臭椿、女贞等。

2)杀菌作用

空气中的各种细菌,危害人们的健康。据调查,闹市区空气中的细菌含量比绿地高7倍以上。绿地中的细菌含量少的原因:一方面,绿化地区空气灰尘减少,减少了细菌量;另一方面,植物本身能分泌杀菌素,具有杀菌作用。据实验,1 hm² 圆柏林在24 h 内能分泌出30 kg 杀菌素,可以杀死白喉、肺结核、伤寒、痢疾等疾病。具有杀菌能力的树木主要为常绿针叶树及其能挥发芳香物质的树种,如侧柏、柏木、圆柏、雪松、广玉兰、樟树、枸橘等。

3)监测大气污染

有些植物对污染物质没有抗性和解毒作用,当其受污染时非常敏感地以各种形式的症状表现出来。如当 SO_2 浓度超标,月季、白蜡、雪松、油松等树种的叶脉之间出现点状或块状的黄褐色斑,而叶脉仍为绿色。HF 的浓度超标,榆叶梅、杜鹃花、月季、雪松等树的叶子的伤斑由叶端和叶缘向内蔓延,甚至枯焦脱落。Cl_2 和 HCl 达到一定浓度时,竹、油松等叶子产生褪色点斑或块斑,严重时全叶褪色而脱落。因此,园林工作者在工作中通过监测植物的生长情况来保护居民的生活环境。

4)防风固沙,保持水土

大风可以造成土壤风蚀,增加土壤蒸发量,降低土壤水分,种植树木建立防护林带可有效防风固沙、保持水土。注意选用抗风力强、枝叶不易弯断、生长快、根系发达、寿命长、抗病虫害、树冠呈尖塔形或柱形而叶片较小的乡土树种。东北、华北地区的防风树常用杨、柳、榆、白蜡、柽柳等。南方可用马尾松、黑松、榉树、乌桕、柳树、木麻黄等。

任务3 园林树木的生产功能

[任务目的]

● 了解园林树木的生产功能和经济用途。

1)园林树木的生产功能意义及其特点

园林树木的生产功能是指园林树木的全株或其中一部分,如叶、根、茎、花、果、种子以及其所分泌的乳胶、汁液等,许多是可以入药、食用或作为工业原料用,具有生产物质财富、创造经济价值的作用。在园林建设中,不能片面只强调生产功能而损害园林所应有的主要任务和作用;要在不影响其防护和美化作用的前提下,因地制宜。通过园林结合生产的方式,如在自然风景旅游区建设生态果园,既有观赏效果又有生产收益。

2)园林树木的经济用途

园林树木具有多种经济用途,如苹果、梨、葡萄、桃、猕猴桃、石榴、枣、核桃等可鲜食或加工食用。栗类、枣、火棘等树木的果实、种子富含淀粉。香椿、枸杞、刺槐的花、果可作蔬菜。松树、胡桃、花椒属、沙棘、无患子等树木的种子富含油脂,是人们生活及工业的重要原料。杨属、刺槐、构树、荆条等树木的茎干富含纤维,可用于造纸、纺织等。茉莉、桂花、柑橘属、月季、玫瑰等富含芳香油类。楝树、乌桕、黄连木等树木富含鞣料可于制革。橡胶树、杜仲等树木富含橡胶。银杏、麻黄属、枇杷、连翘、枸杞、杜仲、接骨木、金银花、红豆杉等可制药。桑树、柳等树木的果或嫩枝、幼叶可用于饲养牲畜。夹竹桃可加工成杀虫剂。

【自测训练】

1. 请用当地实例说明园林树木的形态美。
2. 观察本学期周边树种色彩变化。
3. 举例说明园林树木的意境美。
4. 浅析园林树木在城乡绿化建设中的生态功能。
5. 举例说明园林树木的生产作用。

项目 3 园林树木的生长发育规律

[知识目标]

- 了解园林树木的生长发育规律;
- 通过树木识别、巩固和掌握植物分类学的基础知识;
- 了解园林树种的用途及在园林绿化中发挥的作用。

[能力目标]

- 能解释树木的各个生命周期和生长规律。

任务1 树木的生命周期

[任务目的]

- 掌握园林树木的生命周期及其变化规律;
- 掌握实生树和营养繁殖树的不同生命周期及各自的特点;
- 掌握不同园林树种的更新特点。

1. 树木生命周期中的变化规律

园林树木繁殖成活后需要经过营养生长、开花结果、衰老更新等环节,直至生命结束的全过程称为园林树木的生命周期。

园林个体树木的生长发育过程一般表现为"慢—快—慢"的"S"形曲线式总体生长规律,即开始阶段的生长比较缓慢,随后生长速度逐渐加速,直至达到生长速度的高峰期,随之会逐渐减慢,最后完全停止生长而呈现出园林树木死亡的过程,这就是园林树木生长的周期现象。

园林树木一生的生长发育是有阶段性的。实生树的生命周期主要由两个明显的发育阶段所组成,即幼年阶段和成年(熟)阶段。

2. 实生园林树木和营养繁殖树木的生命周期特点

1）实生园林树木的生命周期及特点

根据树木一生的生长发育规律,实生园林树木的生长周期大致上可划分为种子、幼年、青年、壮年、衰老5个时期。

园林树木的生命周期是指从繁殖开始经幼年、青年、成年、老年直至个体生命结束为止的全部生活史,在整个生命周期中,园林树木的生长与衰亡变化规律主要有以下几类:

（1）离心生长与离心秃裸　离心生长是指实生园林树木自播种发芽或经营养繁殖成活后,以根颈为中心,根和茎均以离心的方式进行生长,即植株根部生长具有向地性,在土中逐年发生并形成各级骨干根和侧生根,向纵深发展;与此相反,地上芽按背地性发枝,向上生长并形成各级骨干枝和侧生枝,向空中发展。

离心秃裸这一园林树木的生理现象主要表现为根系在离心生长过程中,随着园林树木年龄的增长,骨干根上早年形成的须根,由基部向根端方向出现衰亡,这种现象也称为"自疏"。

（2）向心更新与向心枯亡　当离心生长日趋衰弱,具长寿潜芽的树种,常于主枝弯曲高位处,萌生直立旺盛的徒长枝,开始进行树冠的更新。徒长枝仍按离心生长和离心秃裸的规律形成新的小树冠,俗称"树上长树"。随着徒长枝的扩展,加速主枝和中心干的先端出现枯梢,全树由许多徒长枝形成新的树冠,逐渐代替原来衰亡的树冠。当新树冠达到其较大限度以后,同样会出现先端衰弱、枝条开张而引起的优势部位下移,从而又可萌生新的徒长枝来更新。这种更新和枯亡的发生,一般都是由(冠)外向内(膛)、由上(顶部)而下(部),直至根颈部进行的,故称为向心更新和向心枯亡。

2）营养繁殖树的生命周期及特点

（1）营养繁殖树的生命周期　营养繁殖的园林树木经过人工干预,一般都已通过了幼年阶段,因此没有性成熟的逐步过程,只要生长正常,有成花诱导条件,随时就可成花。从定植时起,经多年开花结实进入衰老死亡。可见营养繁殖树的生命周期,只有成熟阶段和老化过程两个阶段。

（2）营养繁殖树的特点　营养繁殖往往没有幼年阶段,没有性成熟过程,即只有成熟阶段和老化阶段,因此需要外界条件加以引导和催化,如可用成花诱导(环剥、施肥、修剪)等方式,与此同时,只有外界条件成熟时才能成花结果。

根茎萌蘖年龄轻,树冠外年龄大,一般插穗、接穗要在外围提取,年龄较为成熟,生命力较实生苗弱,这是营养繁殖树木与实生树木在生命特征上具有的巨大不同。

任务2　树木的物候期观测

[任务目的]

● 熟悉常见树木的物候期观测法,激发学生对大自然的兴趣,同时也培养学生的集体主义思想,严谨、认真、持之以恒和实事求是的科学态度与科学的观察方法和习惯;

● 掌握树木的季相变化,为园林树木种植设计、选配树种、形成四季景观提供依据;

● 为确定园林树木繁殖时期、栽植季节与先后、树木周年养护管理、催延花期等提供生物学依据。

园林植物的生命活动能随气候变化而变化。人们可以通过其生命活动的动态变化来认识气候的变化,所以称为生物气候学时期,简称为物候期。

1)园林树木的物候期基本规律

(1)顺序性　树木物候期的顺序性是指树木各个物候期有严格的时间先后次序的特性。园林树木只有在年周期中按一定顺序顺利通过各个物候期,才能完成正常的生长发育过程。

(2)不一致性　园林树木物候期的不一致性,或称不整齐性,是指同一树种不同器官物候期通过的时期各不相同,如花芽分化,新梢生长的开始期、旺盛期、停止生长期各不相同。

(3)重演性　在外界环境条件变化的刺激和影响下,树木某些器官发育终止而刺激另一些器官的再次活动,如二次开花、二次生长等。

2)落叶树木的物候期及年周期

温带地区的气候在一年中有明显的四季变化,因此温带落叶树木的年周期最为明显,可分为生长期和休眠期,在生长期和休眠期之间又各有一个过渡期,即生长转入休眠期和休眠转入生长期。

园林树木根据休眠的状态不同可分为自然休眠和被迫休眠。自然休眠是由于落叶园林树木生理过程所引起的或由树木遗传性所决定的,落叶树木进入自然休眠后,要在一定的低温条件下经过一段时间后才能结束。被迫休眠是指落叶树木在通过自然休眠后,如果在外界缺少生长所需要的条件,仍不能生长而处于被迫休眠状态,一旦条件合适,就会开始生长,这种生长现象就是园林树木被迫休眠的表现。

实训4　园林树木的物候观测与记载(以重庆市区为例)

我们以重庆市常见的园林树木作为物候观测与记录的对象,从而说明我们园林工作者在以后的研究中应注意的偏重之处。

物候指动植物或非生物受气候和外界环境因素的影响而出现的周期性变化现象。

进行物候观测的树种均位于重庆周边城区附近,包括柳树、国槐、刺槐、火炬树、榆树、杏树、桃树、梨树、苹果树、臭椿、花椒、丁香、榆叶梅、迎春、月季、葡萄共16种,长势中等或较差。其中柳树和榆树为污水沟边栽植,柳树约30余株,榆树3株;国槐、刺槐和火炬树为路边行道树,各40余株,另外杏树也为路边栽植;污水沟与路相邻,但沟岸低于路面约3 m,小环境比较空旷。其余10种树零星栽植在居民住宅楼围成的院落中,数量少,各有1~5株。

观测记录的乔木高度均不足5 m,能够触及下部枝条以便拉近仔细观测。观测开始于2005年3月21日—7月21日,至各种树木均转换为夏季冠相为止。观测期间3月21日—4月6日气温持续回升,4月7日降温,至4月13日气温重新回升。一般情况下,每日上午8时和中午2时各观测1次,然后回室内对观测结果进行描述性记录,一般只记录与前一日相比发生明显物候变化的树木,并着重记录当日8时的观测结果。观测项目包括芽膨胀期、萌芽期、展叶始期、开花始期、盛花期、落花期、开花终期、果熟期,由于一般阔叶树在秋季落叶后,树冠完全变成光秃的枝条,春季随着展叶抽枝,树冠重新覆满叶片,标志着树木进入新一年的生长期。

观测结果记录(只摘取原始记录中的一部分数据加以说明),观测结果见表3.1。

表3.1　11种树木春季物候

名称	小生境	芽膨胀期	萌芽期	展叶始期	开花始期	盛花期	落花期	开花终期	果熟期	树冠
柳树	水沟边	03—23	03—26	03—31	04—03	04—07	04—18	04—26	05—26	丰满
国槐1号	路边	04—01	04—06	04—06	04—25	04—28	05—01	05—05	05—26	丰满
国槐2号	路边	04—04	04—06	04—15	04—30	04—28	05—01	05—05	05—26	丰满
刺槐1号	路边	04—04	04—06	04—07	05—01	05—03	05—04	05—09	05—26	丰满
刺槐2号	路边	04—04	04—06	04—07	04—27	05—03	05—04	05—09	05—26	丰满
火炬树1号	路边	04—04	04—05	04—07	04—26	04—29	05—03	05—21	06—21	丰满
火炬树2号	路边	04—04	04—05	04—07	04—29	04—29	05—03	05—21	06—21	丰满
榆树	水沟边	03—21	03—25	03—26	03—28	04—25	04—18	04—30	06—21	丰满
杏树	路边	03—24	04—15	04—04	04—06	04—10	04—16	04—18	06—21	丰满
桃树	院落	03—29	03—31	04—05	04—14	04—24	04—26		06—21	丰满
榆叶梅	院落	04—09	03—31	04—02	04—04	04—11	04—15	04—18	06—21	丰满
月季	院落	03—30	05—04	04—18	04—04	04—11	04—15	04—18	05—21	丰满
迎春	院落	04—08	03—24	03—28	04—11	04—17	04—18	05—18	06—11	丰满
葡萄	院落	03—28	04—05	04—07	04—23	04—26	05—18	05—30	07—21	丰满

注:许多树种错过芽膨胀期,因而没有记录;国槐2号、刺槐2号、火炬树2号均是同种树中物候期开始最晚的一株,只记录树冠。

在这次观测中发现,树木的物候期对气温的变化非常敏感,特别是花芽开放能够极其灵敏地反映气温的变化。观测中还发现,树木的物候期随气温的升高呈加速趋势,当气温下降时,物候期减缓。例如,观测期间4月7日降温,至4月13日气温重新回升,降温期间日最高气温约为15 ℃,各观测树种的物候进展明显迟缓。

实训5　园林树木的冬态识别

园林树木的冬态是指树木入冬落叶后,营养器官所保留可以反映和鉴定某种树种的形态特征。在树种的识别和鉴定中,叶、花、果一般是重要的判别依据,但是在我国大部分地区许多树种到冬天均要落叶,因而树皮、叶痕、叶迹等冬态特征成为主要的识别依据。下面以华北地区一些树木的冬态特征为例加以说明。

1）杜仲 *Eucommia ulmoides* **Oliver**

　　冬态识别特征:乔木,树高可达 20 m。树皮灰褐色,浅纵裂。树冠呈卵形。一年生枝棕色;髓心片状;叶痕半圆形;叶迹无顶芽,侧芽卵形,先端尖,芽鳞 6～10 片,边缘具缘毛。树皮、枝条等具白色胶丝。

2）榆树 *Ulmus pumila* **L.**

　　冬态识别特征:乔木,高可达 25 m。树冠呈球形。树皮灰黑色,深纵裂。二年生枝灰白色,二列排列,之字形曲折。髓心白色。叶痕二列互生,半圆形;具托叶痕;叶迹 3。无顶芽,侧芽扁圆锥形或扁卵形,先端钝或突尖,芽鳞 5～7,黑紫色,边缘有白色缘毛。花芽球形,黑紫色。

3）桑 *Morus alba* **L.**

　　冬态识别特征:乔木。树皮灰黄色,不规则纵裂。一年生枝灰黄色,二年生枝灰白色,无毛或微被毛。叶痕半圆形或肾形;叶迹 5。无顶芽;侧芽贴枝,近二列互生,扁球形或倒卵形,芽鳞 4～5,具缘毛。

4）构树 *Broussonetia papyrifera*（**L.**）**L' Hér. ex Vent.**

　　冬态识别特征:乔木,高可达 10～20 m。树皮深灰色,粗糙或平滑,具紫色斑块。一年生枝灰绿色,密生灰白色刚毛。髓心海绵状,白色。叶痕对生、近对生或二列互生,半圆形或圆形;叶迹 5,排成环形。无顶芽。侧芽扁圆锥形或卵状圆锥形,芽鳞 2～3,被疏毛,具缘毛。

5）核桃 *Juglans regia* **L.**

　　冬态识别特征:乔木。树冠宽卵形。树皮灰色,浅纵裂。枝髓心片状。叶芽为鳞芽,芽鳞 2枚,呈镊合状;雄花序芽裸芽;叠生或单生。

6）白玉兰 *Michelia alba* **DC.**

　　冬态识别特征:乔木,高可达 17 m。树冠卵形或宽卵形。树皮深灰色,浅纵裂或粗糙。一年生枝紫褐色,无毛,皮孔明显,圆点形。叶痕二列互生,V 形或新月形;托叶痕环状;叶迹多而散生。顶芽发达;花芽大,长卵形,密被灰黄色长绒毛;顶生叶芽纺锤形;托叶芽鳞 2 枚。

7）银杏 *Ginkgo biloba* **L.**

　　冬态识别特征:乔木。树冠宽卵形。树皮灰褐色,长块状纵裂。有长短枝之分。实心髓。一年生枝浅褐色。短枝矩形。叶痕螺旋状互生,无托叶痕。顶芽宽卵形,无毛,芽鳞 4～6 片。侧芽较顶芽小。

8）洋槐 *Robinia pseudoacacia* **L.**

　　冬态识别特征:乔木。树冠倒卵形。树皮灰褐色,不规则深纵裂。一年生枝灰绿至灰褐色,有纵棱,无毛,具托叶刺。髓心切面四边形,白色。叶痕互生,叶迹 3。无顶芽,侧芽为柄下芽,隐藏在离层下。

9）国槐 *Sophora japonica* **L.**

　　冬态识别特征:乔木,高达 25 m。树冠宽卵形或近球形。树皮灰褐色,纵裂。无刺。一年生枝暗绿色,具淡黄色皮孔,初时被短毛。叶痕互生,V 形或三角形,有托叶痕,叶迹 3。无顶芽,侧芽为柄下芽,半隐藏于叶痕内,极小,被褐色粗毛。荚果念珠状肉质,不开裂。

任务3　树木各器官的生长发育规律

[任务目的]

- 了解园林树木根、茎、叶各器官的生长特点;
- 了解园林树木花芽的概念及原理;花芽的类别;开花的顺序;
- 了解坐果与果实发育的特点;
- 了解园林树木各器官的相互关系。

园林树木一般由树根、树干(或藤本树木的枝蔓)和树冠等主要器官构成,树冠包括枝、叶、花、果等。习惯上把树干和树冠称为地上部分,把树根称为地下部分,而地上部分与地下部分的交界处称为根颈。不同类型的园林树木,如乔木、灌木或藤本,它们的结构又各有特点,这决定了园林树木在生长发育规律和园林应用中的功能性差异。

1.根、茎、叶的生长

1)根的类型与功能

一般来说,除了一些热带树木和特殊树木有气生根外,根主要是树木生长在地下部分的营养器官,它的顶端具有很强的分生能力,并能不断发生侧根形成庞大的根系,对园林树木的生长发育能够有效地发挥其吸收、固着、输导、合成、储藏和繁殖等功能。

(1)根的类型与结构　根据根系的发生及来源,园林树木的根可分为实生根、茎源根和根蘖根3个基本类型。

根据须根的形态结构及其功能又可分为生长根或轴根、吸收根或营养根、过渡根及输导根4个基本类型。

(2)根系的分布　根系是一株植物全部根的总称。根系有直根系和须根系两大类。大多数的裸子植物和双子叶植物具有直根系;单子叶植物的主根不发达,其根系为须根系。

①形态特征:

主根:当种子萌发时,首先突破种皮向外生长,不断垂直向下生长的部分即是主根。

侧根:当主根生长到一定长度后,它会产生一些分枝,这些分枝统称为侧根。

不定根:不定根是植物生长过程中,从茎或叶上长出的根,它不来自主根、侧根。例如,剪取一段垂柳枝条,插在潮湿的泥土中,不久在插入泥中的茎上长出了根,这就是不定根。

②分布特点:一般实生根系在土壤中分为2~3层,上层根群角(主根与侧根的夹角)较大,分枝性强,易受地表环境条件和肥水等的影响;下层根群角较小,分枝性弱,受地表环境和肥水条件的影响较小。依根系在土壤中的分布与生长方式,可分为水平根和垂直根。与地面近于平行生长的根系称为水平根,与地面近于垂直生长的根系为垂直根。

③根系的功能:根是园林树木适应陆地生活逐渐形成的器官,它在园林树木的生长发育中主要发挥吸收、固着、输导、合成、储藏和繁殖等功能。

2)茎的类型、分枝特性及功能

除了少数具有地下茎或根状茎的园林树木外,茎是苗木地上部分的重要营养器官。苗木的

茎起源于种子内胚的胚芽,有时还加上部分下胚轴,而侧枝起源于叶腋的芽。茎是联系根和叶、输送水分、无机盐和有机养料的轴状结构,其顶端具有极强的分生能力。许多园林树木能形成庞大的分枝系统,连同茂密的叶丛,构成完整的树冠结构。

(1)茎的类型　多数园林树木茎的外形呈圆柱形,也有呈椭圆形或扁平柱形等。不同园林树木的茎在长期的进化过程中,形成了各自的生长习性以适应外界环境,使叶在空间合理分布,尽可能地充分接受光照。根据外部形态特点,园林树木的茎主要可分为直立茎、缠绕茎、攀援茎和匍匐茎4种主要类型。

(2)茎的分枝特性　分枝是园林树木生长发育过程中存在的普遍现象,主干的伸长和侧枝的形成,是顶芽和腋芽分别发育的结果。侧枝和主干一样,也有顶芽和腋芽,可以继续产生侧枝,依次产生大量分枝形成园林树木的树冠。各种园林树木由于芽的性质和活动情况不同,从而形成不同的分枝方式使树木表现出不同的形态特征。园林树木主要的分枝方式有单轴分枝、合轴分枝和假二叉分枝3种类型。

(3)茎的功能　茎在园林树木的生长发育中主要发挥输导、支持、储藏和繁殖等功能。

3)叶的生长

叶是园林树木营养器官之一。功能为进行光合作用合成有机物,并为蒸腾作用提供根系从外界吸收水和矿质营养的动力。有叶片、叶柄和托叶3部分的称为"完全叶",如缺叶柄或托叶的称为"不完全叶"。叶有单叶和复叶之分。

2.花芽的分化及开花

1)花芽分化的概念

园林树木的生长点既可以分化为叶芽,又可以分化为花芽。而生长点由叶芽状态开始向花芽状态转变的过程,称为花芽分化。树木花芽分化概念有狭义和广义之分。狭义的花芽分化是指形态分化,广义的花芽分化包括生理分化、形态分化、花器的形成与完善直至性细胞的形成。

2)花芽分化的原理

花芽分化分为生理分化期和形态分化期两种。生理分化期先于形态分化期1个月左右。花芽生理分化主要是积累组建花芽的营养物质以及激素调节物质、遗传物质等共同协调作用的过程和结果,是各种物质在生长点细胞群中,从量变到质变的过程,这是为形态分化奠定的物质基础。但是这时的叶芽生长点组织,尚未发生形态变化。

生理分化完成后,在植株体内的激素和外界条件调节的影响下,叶原基的物质代谢及生长点组织形态开始发生变化,逐渐可区分出花芽和叶芽,这就进入了花芽的形态分化期,并逐渐发育形成花萼、花瓣、雄蕊、雌蕊,直到开花前才完成整个花器的发育。

3)花芽分化期

根据花芽分化的指标,园林树木花芽的分化一般可分为生理分化期、形态分化期和性细胞形成期3个分化期,但不同树种的花芽分化时期有很大差异。

4)花芽分化的类别

花芽分化开始时期和延续时间的长短,以及对环境条件的要求因树种(品种)、地区、年龄等的不同而异。根据不同树种花芽分化的特点,可分为夏秋分化型、冬春分化型、当年分化型和多次分化型 4 种类型。

5）花芽分化决定树木的开花类型

（1）先花后叶型 此类树木在春季萌动前已完成花器分化。花芽萌动不久即开花，先开花后展叶，如银芽柳、迎春花、连翘、山桃、梅、杏、李、紫荆等，有些能形成一树繁花的景观，如玉兰、山桃花等。

（2）花叶同放型 此类树木开花和展叶几乎同时发生，花器也是在萌芽前已完成分化，开花时间比前一类稍晚。大多数能在短枝上形成混合芽的树种也属此类。混合芽虽先抽枝展叶而后开花，但多数短枝抽生时间短很快见花。

（3）先叶后花型 此类树木大多数是在当年生长的新梢上形成花器并完成分化，萌芽要求气温高，一般于夏秋开花，是树木中开花较迟的一类，有些甚至能延迟到晚秋。如木槿、紫薇、凌霄、槐、桂花、珍珠梅、荆条等。

6）开花

植物正常花芽的花粉粒和胚囊发育成熟，花萼和花冠展开，这种现象称为开花。不同树木开花顺序、开花时期、异性花的开花次序以及不同部位的开花顺序等方面都有很大差异。

3. 果实的生长发育

1）果实的生长发育时间

各类树木的果实成熟时，在果实外表会表现出成熟即果实的颜色和形状特征，称为果实的形态成熟期。果熟期的长短因树种和品种而不同，榆树和柳树等树种的果熟期最短，桑、杏次之。松属植物种子发育成熟需要两个完整生长季，第一年春季传粉，第二年春季才能受精，球果成熟期要跨年度。果熟期的长短还受自然条件的影响，高温干燥，果熟期缩短，反之则延长，山地条件、排水好的地方果实成熟早些。而果实因外表受伤或被虫蛀食后成熟期会提前。

2）果实的生长过程

果实生长是通过果实细胞的分裂与增大而进行的，果实生长的初期以伸长生长（即纵向生长）为主，后期以横向生长为主。

果实的生长过程并不是直线型的，一般也表现为"慢—快—慢"的"S"形曲线生长过程。有些树木的果实呈双"S"形曲线生长过程（即有两个速生期），但其机制还不十分清楚。园林观果树木果实多样，有些奇特果实的生长规律有待进一步观察和研究。

3）果实的着色

果实的着色是由于叶绿素的分解、果实细胞内原有的类胡萝卜素和黄酮等色素物质绝对量和相对量增加，使果实呈现出黄色、橙色，由叶中合成的色素原输送到果实，在光照、温度和充足氧气的共同作用下，经氧化酶的作用而产生青素苷，使果实呈现出红色、紫色等鲜艳色彩的过程，称为果实的着色。

4）落果

从果实形成到果实成熟期间，常常会出现落果，有些树木由于果实大，果柄短，而结果量多，果实之间相互挤压，夏秋季节的暴风雨等外力作用常引起的落果，称为机械性落果。与之相反，而由于非机械和外力等原因所造成的落花落果现象统称为生理落果。

4.园林树木各器官的相互关系

园林树木各器官之间,在生长发育的速率和节律上都存在着相互联系、相互促进或相互抑制的关系。园林树木树体某一部位或器官的生长发育,常能影响另一部位或器官的形成和生长发育。这种表现为园林树木各部分器官之间在生长发育方面的相互促进或抑制的关系,植物生理学上称为园林树木生长发育的相关性。园林树木各器官生长发育上这种既相互依赖又相互制约的关系,是园林树木有机体整体性的表现,也是制订合理的栽培措施的重要依据之一。

1)地上部树冠与地下部根系之间的关系

"根深叶茂,本固枝荣。枝叶衰弱,孤根难长"。这句名言充分说明了园林树木地上部树冠的枝叶与地下部根系之间相互联系和相互影响的辩证统一关系。实际上,地上部与地下部关系的实质是树体生长交互促进的动态平衡,是存在于树木体内相互依赖、相互促进和反馈控制机制决定的整体过程。

在园林树木栽培中可以通过各种栽培措施,调整园林树木根系与树冠的结构比例,使园林树木保持良好的结构,进而调整其营养关系和生长速度,大力促进树木整体的协调和健康生长。

2)消耗器官与生产器官之间的关系

园林树木有光合能力的绿色器官称为生产性器官,无光合能力的非绿色器官称为消耗性器官。实际上,叶片是树木净光合积累的主要器官,其他器官的绿色部分占比例很小,所以叶片承担着向树体的根、枝、花、果等所有器官供应有机养分的功能,是重要的生产性器官。然而,叶片作为整个树体有机营养的供应源,不可能同时满足众多消耗性器官的生长发育对营养物质的要求,需要根据树木各器官在生长发育上的节律性,在不同时期首先满足某一个或某几个代谢旺盛中心对养分的需求,按一定次序优先将光合产物输送到生长发育最旺盛的消耗中心,以协调各个器官生长发育对养分的需求,因此,叶片向消耗器官输送营养物质的流向,总是和树体生长发育中心的转移相一致。一般来说,幼嫩、生长旺盛、代谢强烈的器官或组织是树体生长发育和有机养分重点供应的中心。树木在不同时期的生长发育中心,大体与生长期树体物候期的转换相一致。

3)营养生长与生殖生长之间的关系

树木的根、枝干、叶和叶芽为营养器官,花芽、花、果实和种子为生殖器官,营养器官和生殖器官的生长发育都需要光合产物的供应。营养生长与生殖生长之间需要形成一个合理的动态平衡。在园林树木栽培和管理中,可根据不同园林树木的栽培目的和要求,通过合理的栽培和修剪措施,调节两者之间的关系,人为干预使不同树木或树木的不同时期偏向于营养生长或生殖生长,从而达到更好的美化和绿化效果。

实训6　花序及花的观察

1)实验目的

掌握园林树木花的基本形态和解剖结构,学会正确描述花及花序的方法,通过对花组成部分比较观察,理解花形态的多样性。

2）材料与用品

（1）新鲜花材　香樟、白玉兰、双荚决明。

（2）花序材料　垂丝海棠、杨柳、小蜡、黄葛树花朵标本。

3）方法步骤

（1）观察解剖香樟、白玉兰、双荚决明的花，按顺序解剖花，仔细观察各部分的形态和数量，注意花被、花萼与花冠的分化情况；整齐与否；雄蕊、雌蕊的数目、排列及形态变化（三基数与五基数）。

（2）观察各科代表植物花的形态结构，思考：①正常花有哪些部分结构？②花部几基数？

（3）对植物或标本的花序进行识别。

4）实验报告

材料的准备：在花朵初放之时及时采摘，浸泡于5%福尔马林中备用，或于实验前一天采集各种新鲜花朵，装在塑料袋内维持一定的湿度，并存放于4~5 ℃的冰箱中保鲜，供解剖观察用，效果较好。

每人解剖4~6种花。取新鲜的或浸泡的实验材料解剖观察。即分别由下向上或从外向里逐层剥离，按顺序将它们放置在白纸上或培养皿中，并用放大镜观察各种花的子房横切面。分析记录不同植物花的各个组成部分。

实训7　果序及果的观察

1）材料的准备

收集新鲜或浸制的果实标本，如苹果、桃、无花果等树种的果实。

2）果实的观察（以桃为例）

先观察桃果实的外形，特别是尚未成熟的果实，其表面有毛，在果实的一侧有一条凹槽，这是心皮的背缝线的连接处，说明桃子的子房壁由单个心皮组成。果皮表皮有毛，是外表皮上的附属物，果实上还有角质层或蜡质（幼果极为突出）。

用刀片切开果实，看到外果皮以内直至中间坚硬的核桃，这厚厚的一层，俗称桃肉，实际上是桃果实的中果皮。它由许多层薄壁细胞组成，细胞内富含各种有机物质，如有机酸、糖等。坚硬部分为核桃，是果实的内果皮，它由子房的内壁发育而来。这部分细胞分化，全为硬细胞，所以核桃特别坚硬。用钳子夹开核桃，才能看见由胚珠发育而成的种子，这类果实称为核果。

【自测训练】

1. 列出常见园林树木的生长周期。

2. 什么是物候期？

3. 根系有哪两大类？

4. 树木开花的类型分为哪几种？

项目 4 园林树种调查与规划

[知识目标]

- 掌握园林树种的调查方法；
- 掌握园林树种的规划原则及方法。

[能力目标]

- 具备园林树种调查能力，能胜任园林树种调查工作；
- 基本具备园林树种规划能力，能协助完成树种的规划工作。

任务 1 园林树种调查

[任务目的]

- 了解园林树种调查的意义，掌握园林树种调查方法与技巧。

园林植物是园林要素之一，树木的合理使用，能展现区域特色、人文历史以及风土人情等。园林树种调查即对相应地域内，将从古至今园林绿化对树木的使用情况进行摸底调查和统计，为后期园林树种选择与规划、园林绿地改造等提供参考依据。

1. 调查方法

1）组织与培训

园林树种调查工作宜由当地园林主管部门、教学、科研单位或有相应资质的园林类企业牵头负责，并挑选具有较高业务水平、工作认真负责的专业技术人员组成调查组。做好培训及调查示范工作，统一认识、统一标准，尽量减少人为误差。

2）调查项目

树种调查测量记录前，选出能代表该绿地的标准树若干株、编号，然后进行测量、记载数据（表 4.1 和表 4.2）。

表 4.1　园林树种调查表

地点：　　　　　　　　调查人：　　　　　　　　时间：　　　　　　年　月　日

类　别	名　称	数　量	生态环境	栽植方式	园林用途	景观效果	备　注
乔木							
灌木							
藤本							
竹类							

说明：①生态环境包括光照、地形、海拔、风、土壤类型、土壤肥力、地面铺装、空气污染情况等；②栽植方式主要指园林树木的栽植形式，包括孤植、丛植、列植、片植、林植等；③园林用途主要指园林树木的应用形式，包括行道树、庭荫树、防护林、观花树、观果树、观叶树等。

表 4.2　园林树种调查记录卡

地点：　　　　　　　　调查人：　　　　　　　　时间：　　　　　　年　月　日

编号：	照片编号：	标本编号：	
树种名称：	科名：		
来源：乡土　引种	树龄(估)：	冠形：卵、圆、塔、伞、椭圆、倒卵、其他	
干形：通直、弯曲、稍曲		生长势：强　中　弱	
树高：　　　m	冠幅：东西　　　m；南北　　　m	胸径：　　　m 灌木基围：　　　m	
栽植方式：孤植、丛植、列植、片林			
园林用途：行道树、庭荫树、花木、果木、色木、篱垣、地被、垂直绿化			
生态条件： 光照：强　中　弱 地形：坡地、平地、山脚、山腰海拔：　　　m 坡度： 土层厚度：　　　m 土壤肥力：好　中　差 病虫害危害程度：无　轻　较重　严重 风：风口　有屏障 伴生树种：其他：		坡向/楼向：东南西北 度土壤质地：沙土、壤土、黏土 土壤水分：积水、湿润、干旱、极干旱 土壤 pH 值： 主要病虫种类： 主要空气污染物：	

2. 调查总结

野外作业调查结束后，应整理相关资料、分析数据、撰写总结及树种调查报告。树种调查报告主要应包括以下项目：

（1）前言　主要说明调查的目的、意义、组织情况、参加人员、调查方法、调查指标以及详细调查步骤等内容。

（2）自然环境状况　主要介绍调查区域环境因子,包括地理位置、地形地貌、气候特征、海拔高度、气象因子、水文状况、土壤状况、污染情况、植物覆盖及生长情况等。

（3）城市性质及社会经济简况　简要阐述调查区域所在城市定位、社会经济发展等情况。

（4）园林绿化现状　对调查区域的园林绿化现状分类别进行描述。

（5）树种调查总结表　通过对调查资料的分析、归纳与总结,提炼出调查区域内的园林树种名录,根据调查需要,还可从中分别提炼出特色树种名录、抗污染树种名录、引种栽培树种名录、古树名木名录、大树名录等。

（6）经验教训　通过对调查数据的分析、总结,分析存在的问题,提出解决问题的建议及意见。

（7）建议及意见　综合本次调查结果,概况总结当地人民群众、专家的意见及建议。

（8）参考文献　列出调查过程中参考的图书、文献资料目录等。

（9）附件　按照调查报告中出现的顺序列出调查过程中采集的附件资料,包括照片、腊叶标本等。

实训8　当地园林树种调查

1）目的要求

掌握园林绿化树种调查的基本方法,进一步识别园林树木,充分了解并熟悉当地常见园林绿化树木的种类、形态特征、生态习性以及园林用途、景观效果等信息。

2）材料用具

调查表、记录夹、皮尺、卷尺、测高仪、海拔仪、游标卡尺、细绳、放大镜等。

3）方法步骤

（1）人员分组　根据调查工作量、调查组人员数量等对调查人员分组,根据数据记录、测量需求等分工,原则上每组3~5人,以确保调查工作的顺利开展。

（2）人员培训　开始室外调查前,调查组全体成员须共同学习树种调查方法,充分理解并把握调查项目及具体要求。为提高调查数据的准确率,可针对各型园林绿地选取标准点做树种调查示范,分析讨论调查过程中可能存在的问题,并探讨解决办法,统一认识、统一标准,尽量减少人为误差。

（3）调查记载　提前印刷制作好的树种调查记录卡(表4.1和表4.2),并根据调查要求逐项填写,完善表格中各项内容。

4）作业及评分标准

根据调查数据,撰写树种调查总结报告。

任务 2 园林树种的规划

[任务目的]

- 了解园林树种规划的基本原则；
- 掌握园林树种的规划方法。

园林树种规划即根据城市性质，按比例选择适合当地自然条件、满足园林绿化建设的树种，并对园林绿化树种的选择与配置作建议性结论。

1. 树种规划方法

1) 树种规划原则

（1）适地适树 园林树种的规划要充分考虑树种的生态习性和生长发育规律与立地环境之间的协调统一，即实现适地适树的基本原则，园林树种的景观效果、生态效益才能充分展现。

（2）合理搭配乡土树种与外来树种 乡土树种对当地的气候等环境因子适应能力强、来源广泛、繁育简便易行，有较强的区域特色。外来树种多选自名贵、稀有树木，其观赏特点突出，能较好地丰富树木种类。乡土树种与外来树种的合理搭配，能塑造出丰富多彩的园林景观。

（3）充分借鉴天然植被规律 园林树种规划应充分考虑和借鉴天然植被中林木成分、树种构成等，同时考虑常绿树种与落叶树种、速生树种与慢生树种、深根性树种与浅根性树种等的合理搭配与使用。

2) 规划方法

（1）调查规划地区原有和引种驯化的园林树种 园林树种规划须通过树种调查，掌握当地园林绿化树种和外地引进树种的生物学特性、生长情况、适应范围、抗逆能力、景观效果等信息作为园林树种规划设计的基础资料。

（2）确定基调树种和骨干树种 以规划地区的光、温、水、土等自然条件为核心依据，考虑园林树种的生态习性、生长发育规律、抗逆能力、观赏价值等特征，结合专家学者的意见、建议和人们的喜爱程度，筛选出合适的园林基调树种、骨干树种和一般树种。

（3）制订规划指标及树种比例 根据现有绿化树种、自然群落树种和同纬度地区绿化树种规划指标、专家学者建议与意见，确定树种规划的指标及比例：基调树种是当地最优树种，以4～5种为宜，如各地市树等；骨干树种体现当地基调，一般为10～20种；一般树种主要体现生物多样性、丰富城市色彩，数量宜多不宜少。此外，常绿与落叶树种、乡土与外来树种、针叶与阔叶树种、速生与慢生树种比例等因需而定。

2. 树种规划实例分析——以重庆市主城区为例

综合各方建议及意见，确定重庆主城树种规划指标及比例为：主城区基调树种5～9个、骨干树种12～15个、一般树种30～150个；常绿与落叶树种比例为3：2；乡土与外来树种比例为6：1；针叶与阔叶树种比例为1：6；速生与慢生树种比例为3：2。

1）基调树种

　　基调树种是指各类园林绿地均要使用的、数量大且能形成全城统一基调的、本地区适生的园林绿化树种。重庆主城旧城区主要以黄葛树、榕树、秋枫、银杏、悬铃木为基调树种，现将基调树种选择范围调整为香樟、银杏、桂花、悬铃木、广玉兰、水杉、秋枫、黄葛树等。

2）骨干树种

　　骨干树种是指城市中各类型绿地中的重点树种，其在城市道路、广场、公园、住宅小区等绿地广泛使用，出现频率高、使用数量大。重庆主城旧城区主要以香樟、桂花、广玉兰、天竺桂、水杉、垂柳、罗汉松、复羽叶栾树、羊蹄甲等为骨干树种，现将新建绿地骨干树种选择范围调整为天竺桂、雪松、大叶樟、复羽叶栾树、垂柳、羊蹄甲、蓝花楹、罗汉松、玉兰、黑壳楠、鹅掌楸等。

3）一般树种

　　一般树种是指能在当地环境条件下正常生长发育，以体现生物多样性，丰富城市景观色彩为目的的园林绿化树种。一般树种的种类和数量宜多不宜少，只要条件许可，可于园林绿地中尽量多应用，以期丰富当地植物景观，提高生态环境效益。重庆主城一般树种的选择可在充分利用乡土植物的基础上，适度引入外地特色树种。

【自测训练】

　　1.选定适宜区域，做一完整树种调查并撰写树种调查报告。

　　2.通过树种调查实践，将常见园林绿化树种按照乡土树种与外来树种进行分类。

　　3.城市树种规划的原则与方法是什么？

　　4.结合树种调查实践，列出你家乡的基调树种、骨干树种名单，并提出你对树种应用的看法。

项目 **5** 园林树木的识别与应用

[知识目标]

- 认识较为常见的园林树种；
- 通过树木识别，巩固和掌握植物分类学的基础知识；
- 了解园林树种的用途及在园林绿化中发挥的作用。

[能力目标]

- 掌握各科园林树木在现代园林植物景观设计中的用途；
- 掌握各类园林树木的生态学特征；
- 熟练识别各类园林树木。

任务1 针叶类园林树木的识别与应用

[任务目的]

- 掌握针叶类园林树木的观赏特性及常见园林应用形式；
- 能识别针叶类园林树木的形态特征；
- 了解常见的针叶类园林树木的识别要点和观赏特性。

1.针叶类树木的特性及其在园林中的应用

1)针叶类树木的特征和特性

针叶树多为裸子植物，此类树木多为乔木或灌木。叶多为针形、条形或鳞形。球花单性，胚珠裸露，不包于子房内。

裸子植物区别于蕨类植物最显著的特征是能产生种子，与被子植物最大的区别是种子裸露，不形成果实。针叶类树木具有裸子植物的特点，其主要特征如下：

①孢子体发达；

②配子体退化，寄生在孢子体上；

③胚珠裸露；

④花粉直达胚珠，产生花粉管；

⑤具多胚现象。

2）针叶类树木在园林中的应用

针叶类树木在现代园林植物造景中可用于独赏树、庭荫树、行道树、树丛、树群、片林、绿篱及绿雕塑、地被植物等。

作为独赏树，针叶类树木可以放置在市政广场、居住区广场、公园广场的构图中心。此类树种要求体量大、规格高、树形优美，如加拿大海枣。在植物造景设计时，可放置在广场中心。

作为庭荫树，针叶类树木较阔叶类树木有明显的优势。针叶类树木其树枝稀疏，能形成较好的遮蔽性，阳光充足的可用来营造私家庭院，形成开阔景观，在针叶类树木的种植层下面，也可大量栽植阳性植物，形成乔、灌、草的三层景观格局。

作为行道树，针叶类园林树木由于树形一致，能够用于营造热带风情如地中海风情景观，可以形成大面积景观效果，使整体别具一格、热带特色鲜明。

针叶类树木也可作为公园、居住区环境内的树丛。树群片林种植，三片成群。丰富园区内景观类型。

针叶类树木同时也可用于地被、雕型等造型。形成优美的人工自然景观，也可以平面图案、立体雕塑等方式展现优美的植物景观。

2. 我国园林中常见的针叶类树木

1）南洋杉科 Araucariaceae

本科共2属约40种，分布于南半球的热带及亚热带地区。我国引入栽培2属4种，栽植于室外或盆栽于室内，供庭园树用。

南洋杉属 Araucaria Juss.

本属约18种，分布于大洋洲及南美等地，中国引入3种。

①南洋杉 Araucaria cunninghamii Sweet

【别名】鳞叶南洋杉，肯氏南洋杉，细叶南洋杉。

【识别特征】常绿乔木，在原产地高达70 m。树皮灰褐色，粗糙，横裂。大枝平展或斜生，侧生小枝密集下垂，近羽状排列。幼树树冠尖塔形，老树树冠则为平顶。叶二型；幼树的叶排列疏松，开展，锥形、针形、镰形或三角形 ，微具四棱；老树和花果枝上的叶排列紧密，卵形或三角状卵形，上下扁，背面微凸。球果卵圆形；种子椭圆形，两侧具结合而生的膜质翅。

图5.1　南洋杉

【分布】大洋洲昆士兰等东南沿海地区。我国福建、广东、海南、广西、云南等地有栽培。南洋杉树型优美,为世界五大园景树之一。

【习性】喜光,幼苗喜阴。喜暖湿气候,不耐干旱与寒冷。喜土壤肥沃。生长较快,萌蘖力强,抗风强。

【繁殖】可用播种或扦插进行繁殖。

【观赏与应用】南洋杉为美丽的园景树,可孤植、列植或配置在树丛内,也可作为大型雕塑或风景建筑背景树。盆栽苗用于前庭或厅堂内点缀环境,则可显得十分高雅。

②**异叶南洋杉** *Araucaria heterophylla* (Salisb.) Franco

【别名】诺和克南洋杉、锥叶南洋杉、小叶南洋杉。

【识别特征】常绿乔木,在原产地高达 50 m 以上,树干通直,树皮暗灰色,裂成薄片状脱落;树冠塔形,大枝平伸,长达 15 m 以上;小枝平展或下垂,侧枝常成羽状排列,下垂。叶二型:幼树及侧生小枝的叶排列疏松,开展,钻形,光绿色,向上弯曲,通常两侧扁,上面具多数气孔线,有白粉,下面气孔线较少或几无气孔线;球果近圆球形或椭圆状球形,苞鳞厚,上部肥厚,边缘具锐脊,先端具扁平的三角状尖头;种子椭圆形,稍扁,两侧具结合生长的宽翅。

图 5.2　异叶南洋杉

【分布】原产大洋洲诺和克岛,我国福州、广州等地引种栽培。

【习性】喜温暖、潮湿的环境,在阳光充足的地方生长良好,有一定的耐阴力,但要避免夏季强光曝晒。不耐寒冷和干旱,适合于排水良好富含腐殖质的微酸性砂质壤土。

【繁殖】播种和扦插繁殖,以播种繁殖为主。

【观赏与应用】树形高大,姿态优美,最宜独植作为园景树或作纪念树,亦可作行道树。幼树盆栽是珍贵的观叶植物。

2)**松科 Pinaceae**

本科约 230 余种,分属于 3 亚科 10 属,多产于北半球。我国有 10 属 113 种 29 变种,其中引种栽培 24 种 2 变种。

(1) 冷杉属 *Abies* Mill

　　本属约 50 种,分布于亚洲、欧洲、北美、中美及非洲北部的高山地带。我国有 19 种 3 变种,分布广泛,另引入栽培 1 种。

臭冷杉 *Abies nephrolepis* (Trautv.) Maxim.

【别名】臭松、臭枞、东陵冷杉。

【识别特征】常绿乔木,高达 30 m。树皮灰色,裂成长条裂块或鳞片状;枝条斜上伸展或开展,树冠圆锥形或圆柱状。叶列成两列,叶条形,直或弯镰状,上面光绿色,下面有 2 条白色气孔带。球果卵状圆柱形,紫褐色;苞鳞倒卵形,边缘有不规则的细缺齿;种子倒卵状三角形,微扁,种翅淡褐色。花期 4—5 月,球果 9—10 月成熟。

图 5.3　臭冷杉

【分布】产于我国东北小兴安岭南坡、长白山区等地,主要分布于东三省。

【习性】为耐荫、浅根性树种,适应性强,喜冷湿的环境。

【繁殖】繁殖方式一般为播种繁殖,采用床式育苗,种子可用混沙法进行催芽。

【观赏与应用】树冠尖圆形,宜列植或成品种植。在海拔较高的自然风景区宜与云杉等混交种植。

(2) 银杉属 *Cathaya* Chun et Kuang

　　本属为我国特有属,仅银杉 1 种,分布于我国广西西北部、四川省金川、重庆市南川等山区。

银杉 *Cathaya argyrophylla* Chun et Kuang

【别名】杉公子。

【识别特征】常绿乔木,高达 20 m。树皮暗灰色,裂成不规则的薄片;大枝平展。叶螺旋状着生成辐射伸展,在枝节间的上端排列紧密,成簇生状,边缘微反卷;叶条形,多少镰状弯曲或直,被疏柔毛。雄球花开放前长椭圆状卵圆形,盛开时穗状圆柱形;雌球花基部无苞片,长椭圆状卵圆形。球果熟时暗褐色,卵圆形;种子略扁,斜倒卵圆形,种翅膜质。

【分布】为我国特产的稀有树种,产于广西龙胜海拔约 1 400 m 之阳坡阔叶林中和山脊地带与四川东南部南川金佛山海拔 1 600 ~ 1 800 m 之山脊地带。

【习性】阳性树种,喜温暖、湿润气候和排水良好的酸性土壤。根系发达,具有喜光、喜雾、耐寒性较强,能忍受 -15 ℃低温、耐旱、耐土壤瘠薄和抗风等特性,幼苗需庇荫。

【繁殖】播种繁殖,宜可用马尾松苗做砧木行嫁接繁殖。

【观赏与应用】树势如苍虬,壮丽可观。非常优秀的园林树种,植于南方适地的风景区及园林中,为旅游及园林事业添光添彩。

图5.4　银杉

(3)云杉属 *Picea* Dietr.

本属约40种,分布于北半球。我国有16种9变种,另引种栽培2种。

云杉 *Picea asperata* Mast.

【**别名**】茂县云杉、茂县杉、异鳞云杉。

【**识别特征**】常绿乔木,高达45 m。树皮淡灰褐色,裂成不规则鳞片或稍厚的块片脱落。主枝之叶辐射伸展,侧枝上面之叶向上伸展,下面及两侧之叶向上方弯伸,四棱状条形,微弯曲,先端微尖或急尖,横切面四棱形,四面有气孔线。球果圆柱状矩圆形,栗褐色;苞鳞三角状匙形;种子倒卵圆形,种翅淡褐色。花期4—5月,球果9—10月成熟。

图5.5　云杉

【**分布**】为我国特有树种,产于陕西西南部、甘肃东部及白龙江流域、洮河流域、四川岷江流域上游及大小金川流域。

【**习性**】有一定耐阴性,喜冷凉湿润气候。但对干燥环境有一定抗性。浅根性,要求排水良好,喜微酸性深厚土壤。

【**繁殖**】一般采用播种育苗或扦插育苗。

【**观赏与应用**】树冠尖塔型,苍翠壮丽,生长较快,故做用材林和风景林。盆栽可做为室内的观赏树种,多用在庄重肃穆的场合。

(4)金钱松属 *Pseudolarix* Gord.

本属为我国特产,仅有金钱松1种。分布于长江中下游各省温暖地带。

金钱松 *Pseudolarix amabilis*(Nelson)Rehd.

【**别名**】金松(杭州)、水树(浙江湖州)。

【**识别特征**】落叶乔木,高达40 m。树干通直,树皮粗糙,灰褐色,裂成不规则的鳞片状块片;枝平展,树冠宽塔形。叶条形,柔软,镰状或直,上面绿色,下面蓝绿色,中脉明显,有气孔线;长枝之叶辐射伸展,短枝之叶簇状密生,平展成圆盘形,秋后叶呈金黄色。雄球花黄色,圆柱状;雌球花紫红色,椭圆形。球果卵圆形;种子卵圆形,白色,种翅三角状披针形。花期4月,球果10月成熟。

图5.6 金钱松

【分布】为我国特有树种,产于江苏南部(宜兴)、浙江、安徽南部、福建北部、江西、湖南、湖北利川至重庆万州交界地区。

【习性】金钱松喜光、初期稍耐荫蔽,以后需光性增强。生长较快,喜生于温暖、多雨、土层深厚、肥沃、排水良好的酸性土山区。抗火灾危害的性能较强。

【繁殖】播种繁殖,也可扦插繁殖。

【观赏与应用】树姿优美,叶在短枝上簇生,辐射平展成圆盘状,似铜钱,深秋叶色金黄,极具观赏性。可孤植、丛植、列植或用做风景林。

(5)雪松属 *Cedrus* Trew

本属有4种,分布于非洲北部、亚洲西部及喜马拉雅山西部。我国有1种和引种栽培1种。

雪松 *Cedrus deodara*(Roxb.)G. Don

【别名】香柏、宝塔松。

【识别特征】常绿乔木,高达50 m。树皮深灰色,裂成不规则的鳞状块片;枝平展、微斜展或微下垂。叶在长枝上辐射伸展,短枝之叶成簇生状,针形,坚硬,淡绿色或深绿色,常成三棱形,稀背脊明显,有气孔线。雄球花长卵圆形;雌球花卵圆形。球果卵圆形;中部种鳞扇状倒三角形;苞鳞短小;种子近三角状,种翅宽大。

图5.7 雪松

【分布】北京、旅顺、大连、青岛、徐州、上海、南京、杭州、南平、庐山、武汉、长沙、昆明等地已广泛栽培。

【习性】雪松为浅根性植物。喜光树种,喜温暖湿润气候,耐寒性不强,不耐涝;喜肥沃、湿润、深厚、排水良好的土壤。性畏烟,含 SO_2 气体会使嫩叶迅速枯萎。

【**繁殖**】用播种、扦插及嫁接法繁殖。

【**观赏与应用**】雪松树体高大,树形优美,适宜孤植于草坪中央等处,或列植于园路的两旁。雪松具有较强的防尘、减噪与杀菌能力,也适宜作工矿企业绿化树种。

(6)落叶松属 *Larix* Mill.

本属约 18 种,分布于北半球的亚洲、欧洲及北美洲的温带高山与寒温带、寒带地区。我国产 10 种 1 变种,引种栽培 2 种。

华北落叶松 *Larix principis-rupprechtii* Mayr

【**别名**】落叶松(通用名)、雾灵落叶松。

【**识别特征**】落叶乔木,高达 30 m。树皮暗灰褐色,不规则纵裂,成小块片脱落;枝平展,具不规则细齿。苞鳞暗紫色,近带状矩圆形,基部宽,中上部微窄,先端圆截形,中肋延长成尾状尖头,仅球果基部苞鳞的先端露出;种子斜倒卵状椭圆形,灰白色,具不规则的褐色斑纹,种翅上部三角状。花期 4—5 月,球果 10 月成熟。

图 5.8　华北落叶松

【**分布**】我国特产,为华北地区高山针叶林带中的主要森林树种。

【**习性**】强阳性树种,极耐寒,对土壤适应性强,喜深厚肥沃湿润而排水良好的酸性或中性土壤,略耐盐碱;有一定的耐湿、耐旱和耐瘠薄能力。寿命长,根系发达,抗风力较强。

【**繁殖**】多用种子繁殖,也可扦插繁殖。

【**观赏与应用**】树形高大雄伟,株形俏丽挺拔,叶簇状如金钱,而且季相变化丰富,具有非常高的园林观赏价值。可在公园里孤植或与其他常绿针、阔叶树配置,以供游人观赏。

(7)松属 *Pinus* L.

本属约 80 余种,分布于北半球,北至北极地区,南至北非、中美、中南半岛至苏门答腊赤道以南地方。我国产 22 种 10 变种,分布几遍全国,另引入 16 种 2 变种。

①白皮松 *Pinus bungeana* Zucc. ex Endl.

【**别名**】白骨松、三针松、虎皮松。

【**识别特征**】常绿乔木,高达 30 m。树皮呈淡褐灰色,裂成不规则的鳞状块片脱落;枝较细长,斜展,形成宽塔形至伞形树冠。针叶 3 针一束,粗硬,叶背及腹面两侧均有气孔线,边缘有细锯齿。雄球花卵圆形,多数聚生于新枝基部成穗状。球果通常单生,淡黄褐色;种子灰褐色,近倒卵圆形,种翅短,赤褐色。花期 4—5 月,球果第二年 10—11 月成熟。

图5.9 白皮松

【分布】为我国特有树种,产于山西、河南西部、陕西秦岭、甘肃南部及天水麦积山、四川北部江油观雾山及湖北西部等地。苏州、杭州、衡阳等地均有栽培。

【习性】喜光树种,耐瘠薄土壤及较干冷的气候;在气候温凉、土层深厚、肥润的钙质土和黄土上生长良好。深根性,寿命长。对二氧化硫及烟尘的污染有较强的抗性,生长较缓慢。

【繁殖】播种繁殖或嫁接繁殖。

【观赏与应用】其树姿优美,树皮奇特,可供观赏。白皮松在园林配置上用途十分广阔,它可以孤植,对植,也可丛植成林或作行道树,均能获得良好效果。

②黑松 *Pinus thunbergii* Parl.

【别名】日本黑松。

【识别特征】常绿乔木,高达30 m。树皮灰黑色,粗厚,裂成块片脱落;枝条开展,树冠宽圆锥状或伞形。针叶2针一束,深绿色,有光泽,粗硬,边缘有细锯齿,背腹面均有气孔线。雄球花淡红褐色,聚生于新枝下部;雌球花单生或聚生于新枝近顶端。球果褐色,圆锥状卵圆形;种子倒卵状椭圆形,种翅灰褐色。花期4—5月,种子第二年10月成熟。

图 5.10　黑松

【分布】我国旅顺、大连、山东沿海地带和蒙山山区以及武汉、南京、上海、杭州等地引种栽培。

【习性】喜光，耐干旱瘠薄，不耐水涝，不耐寒。最宜在土层深厚、土质疏松，且含有腐殖质的砂质土壤处生长。因其耐海雾，抗海风，也可在海滩盐土地方生长。

【繁殖】播种繁殖，全年均可。

【观赏与应用】黑松盆景对环境适应能力强，庭院、阳台均可培养。其枝干横展，树冠如伞盖，针叶浓绿，四季常青，树姿古雅，可终年欣赏。

③马尾松 *Pinus massoniana* Lamb.

【别名】青松、山松、枞松。

【识别特征】常绿乔木，高达 45 m。树皮红褐色，裂成不规则的鳞状块片；枝平展或斜展，树冠宽塔形或伞形。针叶 2 针一束，稀 3 针一束，细柔，微扭曲，两面有气孔线，边缘有细锯齿。雄球花聚生于新枝下部苞腋，穗状；雌球花单生或 2～4 个聚生于新枝近顶端。球果卵圆形，栗褐色；种子长卵圆形，具翅。花期 4—5 月，球果第二年 10—12 月成熟。

图 5.11　马尾松

【分布】产于江苏、安徽，河南西部峡口、陕西汉水流域以南、长江中下游各省区，全国广泛栽培。

【习性】强阳性，喜温湿气候，宜酸性土，耐干旱瘠薄，忌水涝、盐碱。深根性，主根明显，侧根发达，生长较快，寿命可达百年以上。

【繁殖】用种子繁殖，也可切根育苗。

【观赏与应用】高大雄伟，姿态古奇，适应性强，适宜山涧、谷中、岩际、池畔、道旁配置和山地造林。也适合在庭前、亭旁、假山之间孤植。为长江流域以南重要的荒山造林树种。

油松

（8）黄杉属 *Pseudotsuga* Carr.

本属约18种，分布于东亚、北美。中国产5种，分布于自台湾至广西，自两湖至云南、西藏及长江以南山区。另引种栽培2种。

华东黄杉 *Pseudotsuga gaussenii* Flous

【别名】浙皖黄杉、狗尾树。

【识别特征】常绿乔木，高达40 m。树皮深灰色，裂成不规则块片。叶条形，排列成两列或在主枝上近辐射伸展，直或微弯，上面深绿色，有光泽，下面有两条白色气孔带。球果圆锥状卵圆形，微有白粉；种鳞基部两侧无凹缺；种子三角状卵圆形，微扁，具翅。花期4—5月，球果10月成熟。

图5.12　华东黄杉

【分布】为我国特有树种，产于安徽南部、浙江西部及南部等地。

【习性】华东黄杉分布区的气候温凉湿润，土壤为红壤与山地黄壤，pH值5.5～6.5。为中性树种，幼树期需要庇荫，至壮龄期对光照的要求较高。

【繁殖】播种繁殖，然后移苗定植。

【观赏与应用】在中国浙江、安徽南部、福建北部及西部、江西东部等地高山地带可选用作造林树种。华东黄杉亦可作庭园观赏树种。

（9）铁杉属 *Tsuga* Carr.

本属约14种，分布于亚洲东部及北美洲；我国有5种3变种，分布于秦岭以南及长江以南各省区，均系珍贵的用材树种。

铁杉 *Tsuga chinensis* (Franch.) Pritz

【识别特征】常绿乔木，高达50 m。树皮暗深灰色，纵裂，成块状脱落；大枝平展，枝稍下垂，树冠塔形。叶条形，排列成两列，上面光绿色，下面淡绿色，中脉隆起无凹槽，气孔带灰绿色，边缘全缘，下面初有白粉，老则脱落，稀老叶背面亦有白粉。球果卵圆形；种子下表面有油点，种翅上部较窄。花期4月，球果10月成熟。

图 5.13　铁杉

【分布】为我国特有树种,产于甘肃白龙江流域,我国广泛分布。

【习性】喜凉润气候、酸性土山地,最适深厚肥沃土。耐荫,在强度郁闭的林内天然更新良好。抗风雪能力强。

【繁殖】播种繁殖。

【观赏与应用】铁杉杆直冠大,巍然挺拔,枝叶茂密整齐,壮丽可观,可用于营造风景林及作孤植树等用。

3）杉科 Taxodiaceae

杉科共 10 属 16 种,主要分布于北温带。我国产 5 属 7 种,引入栽培 4 属 7 种。

水杉属
水杉

（1）杉木属 *Cunninghamia* R. Br

本属有 2 种及 2 栽培变种,产于我国秦岭以南、长江以南温暖地区及台湾山区。

杉木 *Cunninghamia lanceolata*（Lamb.）Hook.

【别名】沙木、沙树、池杉。

【识别特征】常绿乔木,高达 30 m。树冠圆锥形;树皮灰褐色,裂成长条片脱落;大枝平展,小枝近对生或轮生,常成二列状。叶在主枝上辐射伸展,披针形,呈镰状,革质、竖硬,边缘有细缺齿,具白粉气孔带。雄球花圆锥状,簇生枝顶;雌球花单生或 2~3（~4）个集生。球果卵圆形;种子扁平,暗褐色,有光泽,两侧边缘有窄翅。花期 4 月,球果 10 月下旬成熟。

图5.14　杉木

【分布】我国广泛栽培。

【习性】中性树种,喜温湿气候及酸性土,速生。浅根性,没有明显的主根,侧根、须根发达,再生力强,但穿透力弱。

【繁殖】采用种子繁殖,也可以扦插、移栽、嫁接等方式繁殖。

【观赏与应用】杉木为中国长江流域、秦岭以南地区栽培最广、生长快、经济价值高的用材树种。杉木树姿端庄,适应性强,抗风力强,耐烟尘,可做行道树及营造防风林。

金松属

（2）柳杉属 *Cryptomeria* D. Don

　　本属有2种,分布于我国及日本。

柳杉 *Cryptomeria fortunei* Hooibrenk ex Otto et Dietr.

水松属

【别名】长叶孔雀松、胖杉、小果柳杉。

【识别特征】常绿乔木,高达40 m。树皮红棕色,裂成长条片脱落;大枝近轮生,平展或斜展;小枝细长,常下垂,绿色。叶钻形略向内弯曲,先端内曲,四边有气孔线,果枝的叶通常较短。雄球花单生叶腋,集生于小枝上部,成短穗状花序状;雌球花顶生于短枝上。球果;种子褐色,近椭圆形,扁平,边缘有窄翅。花期4月,球果10月成熟。

图5.15　柳杉

【分布】为我国特有树种,产于浙江天目山、福建南屏及江西庐山等地。在江苏南部、浙江、安徽南部、河南、湖北、湖南、西南、广西及广东等地均有栽培。

【习性】为中等的阳性树,略耐阴,亦略耐寒。喜空气湿度较高,怕夏季酷热或干旱,喜生长于深厚肥沃的沙质壤土,喜排水良好,在积水处,根易腐烂。

【繁殖】用播种及扦插法繁殖。

【观赏与应用】柳杉树形圆整而高大,树干粗壮,极为雄伟,最适独植、对植,亦宜丛植或群植。在江南习俗中,自古以来常用作墓道树,亦宜作风景林栽植。

(3)落羽杉属 Taxodium Rich.

本属共3种,原产北美及墨西哥,我国均已引种,作庭园树及造林树用。

①落羽杉 Taxodium distichum (L.) Rich.

【别名】落羽松、美国水松。

【识别特征】落叶乔木,在原产地高达50 m。树干尖削度大,干基通常膨大,常有屈膝状的呼吸根;树皮棕色,裂成长条片脱落;枝条水平开展,树冠圆锥形。叶条形,扁平,基部扭转在小枝上列成二列,羽状,上面中脉凹下,淡绿色,下面黄绿色或灰绿色,凋落前变成暗红褐色。雄球花卵圆形,总状花序状或圆锥花序状。球果熟时淡褐黄色,有白粉;种子不规则三角形,有锐棱,褐色。球果10月成熟。

图5.16　落羽杉

【分布】原产北美东南部。我国广州、杭州、上海、南京、武汉、庐山及河南鸡公山等地引种栽培。

【习性】强阳性树种,适应性强,能耐低温、干旱、涝渍和土壤瘠薄,耐水湿,抗污染,抗台风,且病虫害少,生长快。

【繁殖】播种、扦插的繁殖方式。

【观赏与应用】其枝叶茂盛,冠形雄伟秀丽,是优美的庭园、道路绿化树种,常栽种于湖边、河岸、水网地区。在中国大部分地区都可做工业用树林和生态保护林。

②池杉 Taxodium ascendens Brongn.

【别名】池柏、沼落羽松、沼杉。

【识别特征】落叶乔木,在原产地高达25 m。树干基部膨大,通常有屈膝状的呼吸根;树皮褐色,纵裂,成长条片脱落;枝条向上伸展,树冠较窄,呈尖塔形。叶钻形,微内曲,在枝上螺旋状伸展,上部微向外伸展或近直展。球果圆球形或矩圆状球形;种子不规则三角形,微扁,红褐色,边缘有锐脊。花期3—4月,球果10月成熟。

【分布】原产北美东南部。我国江苏南京、南通和浙江杭州、河南鸡公山、湖北武汉等地有栽培。

【习性】强阳性树种,不耐阴。喜温暖、湿润环境,稍耐寒。适生于深厚疏松的酸性或微酸性土壤。耐涝,也能耐旱。生长迅速,抗风力强。萌芽力强。

图5.17　池杉

北美红杉属

【繁殖】播种和扦插繁殖。

【观赏与应用】树形婆娑，枝叶秀丽，观赏价值高，又适生于水滨湿地条件，可在河边和低洼水网地区种植，或在园林中作孤植、丛植、片植配置，亦可列植作道路的行道树。

4）柏科 Cupressaceae

本科22属150种，分布于南北两半球，我国8属29种7变种，分布几乎遍及全国，多为优良用材树种及绿化树种。另引入1属15种。

（1）崖柏属 Thuja L.

本属约6种，分布于美洲北部及亚洲东部。我国产2种，分布于吉林南部及四川东北部。另引种栽培3种，作观赏树。

北美香柏 Thuja occidentalis L.

【别名】香柏、美国侧柏、黄心柏木。

【识别特征】常绿乔木，在原产地高达20 m。树皮红褐色或桔红色，稀呈灰褐色，纵裂成条状块片脱落；枝条开展，树冠塔形。叶鳞形，小枝上面的叶绿色或深绿色，下面的叶灰绿色或淡黄绿色，中央之叶楔状菱形或斜方形，主枝上鳞叶的腺点较侧枝的为大。球果成熟时淡红褐色；种子扁，两侧具翅。

图5.18　北美香柏

【分布】原产北美。我国青岛、庐山、南京、上海、浙江南部和杭州、武汉等地引种栽培。

【习性】阳性树,有一定耐荫能力,抗寒性强,对土壤要求不严,能生长于潮湿的碱性土壤中。

【繁殖】播种、嫁接法繁殖。

【观赏与应用】耐修剪,树形优美,抗烟尘和有毒气体的能力强,园林上常作园景树点缀装饰树坛,丛植草坪一角,亦适合作绿篱,是园林观赏的优良树种。

（2）侧柏属 *Platycladus* Spach

本属仅侧柏1种,分布几遍全国。朝鲜也有分布。

侧柏 *Platycladus orientalis*（L.）Franco

【别名】黄柏、扁柏、扁桧。

【识别特征】常绿乔木,高达20余米。树皮浅灰褐色,纵裂成条片;枝条向上伸展或斜展,树冠广圆形。叶鳞形,小枝中央的叶的露出部分呈倒卵状菱形或斜方形,背面中间有条状腺槽,先端微内曲。雄球花黄色,卵圆形;雌球花近球形,蓝绿色,被白粉。球果近卵圆形;种子卵圆形,灰褐色,无翅或有极窄之翅。花期3—4月,球果10月成熟。

图5.19　侧柏

【分布】产于内蒙古南部、吉林、辽宁、河北、山西、山东、江苏、浙江、福建、安徽、江西、河南、陕西、甘肃、四川、云南、贵州、湖北、湖南等省区。朝鲜也有分布。

【习性】喜光,喜温暖湿润气候,耐寒性不强,不耐涝;喜肥沃、湿润、深厚、排水良好的土壤。萌芽力弱,不耐修剪。

【繁殖】播种繁殖。

【观赏与应用】侧柏寿命长,树姿美,所以各地多有栽植,因而至今在名山大川常见侧柏古树自成景物。常栽植于寺庙、陵墓地和庭园中。

（3）翠柏属 *Calocedrus* Kurz

本属2种,分布于北美及我国云南、贵州、广西、广东海南岛及台湾。

翠柏 *Calocedrus macrolepis* Kurz

【别名】长柄翠柏、大鳞肖楠、柄翠柏。

【识别特征】常绿乔木,高达30～35 m,胸径1～1.2 m。树皮红褐色、灰褐色或褐灰色,幼时平滑,老则纵裂;枝斜展,幼树尖塔形,老树广圆形;小枝互生,两列状。鳞叶两对交叉对生,成节状,小枝上下两面中央的鳞叶扁平,两侧之叶对折,直伸或微内曲。雌雄球花分别生于不同短枝的顶端,雄球花矩圆形或卵圆形。球果矩圆形;种子近卵圆形或椭圆形,微扁,暗褐色,有膜质翅。

图 5.20　翠柏

【分布】产于云南昆明、易门、龙陵、禄丰、石屏、元江、墨江、思茅、允景洪等地,越南、缅甸也有分布。

【习性】翠柏为中性偏阳性树种,幼年耐荫,以后逐渐喜光。耐旱性、耐瘠薄性均较强。生长很慢,寿命特别长。

【繁殖】种子繁殖或扦插繁殖。

【观赏与应用】翠柏树冠浓郁,叶色翠绿色,最适合孤植点缀假山石、庭院或建筑。盆栽作室内布置,或盆景观赏。

(4) 圆柏属 *Sabina* Mill.

本属约 50 种,分布于北半球,北至北极圈,南至热带高山。我国产 15 种 5 变种,多数分布于西北部、西部及西南部的高山地区,能适应干旱、严寒的气侯。另引人栽培 2 种。

①圆柏 *Sabina chinensis*（L.）Ant.

【别名】桧、刺柏、红心柏。

【识别特征】常绿乔木,高达 20 m。树皮深灰色,纵裂,成条片开裂;幼树尖塔形树,冠老树则广圆形树冠。叶二型,即刺叶及鳞叶;刺叶生于幼树之上,老龄树则全为鳞叶;鳞叶三叶轮生,直伸而紧密,近披针形,背面有腺体;刺叶三叶交互轮生,斜展,疏松,披针形,有两条白粉带。雌雄异株,雄球花黄色,椭圆形。球果近圆球形,两年成熟,熟时暗褐色;种子卵圆形,扁。

图 5.21　圆柏

【分布】圆柏原产于中国,现分布各中国广大山地,在朝鲜、日本、俄罗斯均有分布。

【习性】喜光树种,较耐阴,喜温凉、温暖气候;忌积水、耐寒、耐热,对土壤要求不严,能生长于酸性、中性及石灰质土壤上。

【繁殖】播种、扦插、压条繁殖。

【观赏与应用】圆柏的树形枝干极为优雅,树冠呈圆锥形或广塔形,在中国历代各地均广泛作为庭院树栽植,具有不错的观赏价值。

②**铺地柏** *Sabina procumbens*（Endl.）Iwata et Kusaka

【别名】葡地柏、矮桧、偃柏。

【识别特征】常绿匍匐灌木,高达75 cm。枝条延地面扩展,褐色,密生小枝,枝梢及小枝向上斜展。刺形叶三叶交叉轮生,条状披针形,上面凹,有两条白粉气孔带,绿色中脉仅下部明显,不达叶之先端,下面凸起,蓝绿色,沿中脉有细纵槽。球果近球形,被白粉,成熟时黑色;种子有棱脊。

【分布】原产日本。我国大连、青岛、庐山、昆明及华东地区各大城市引种栽培作观赏树。

【习性】温带阳性树种,喜光,喜生于湿润肥沃排水良好的钙质土壤,耐寒、耐旱、抗盐碱;浅根性,但侧根发达,萌芽性强、寿命长,抗烟尘,抗二氧化硫、氯化氢等有害气体。

图5.22　铺地柏

【繁殖】铺地柏由于种子稀少,故多用扦插、嫁接、压条繁殖。

【观赏与应用】铺地柏对污浊空气具有很强的耐力,在园林中可配植于岩石园或草坪角隅,也是缓土坡的良好地被植物,亦经常盆栽观赏。

5）罗汉松科 Podocarpaceae

　　本科共8属,130余种,分布于热带、亚热带及南温带地区,在南半球分布最多。我国产2属14种3变种,分布于长江以南各省区。

罗汉松属 *Podocarpus* L. Her. ex Persoon

　　本属约100种,分布于亚热带、热带及南温带,多产于南半球。我国有13种3变种,分布于长江以南各省区。

罗汉松 *Podocarpus macrophyllus*（Thunb.）D. Don

【别名】罗汉杉、土杉。

【识别特征】常绿乔木,高达20 m。树皮灰褐色,浅纵裂,成薄片状脱落;枝开展或斜展,较密。叶螺旋状着生,条状披针形,微弯,先端尖,基部楔形,上面深绿色,有光泽,中脉显著隆起,下面带白色、灰绿色或淡绿色,中脉微隆起。雄球花穗状、腋生,常3～5个簇生于极短的总梗上;雌球花单生叶腋。种子卵圆形。花期4—5月,种子8—9月成熟。

图5.23　罗汉松

【分布】产于江苏、浙江、福建、安徽、江西、湖南、四川、云南、贵州、广西、广东等省区。日本也有分布。

【习性】罗汉松喜温暖湿润气候,生长适温15~28℃。耐寒性弱,耐阴性强。喜排水良好湿润之砂质壤土,对土壤适应性强,盐碱土上亦能生存。

【繁殖】播种繁殖,扦插繁殖。

【观赏与应用】罗汉松本身树形优美,枝叶苍翠,具有很高的观赏价值,一直以来都是做盆景的良好材料。在别墅、庭院、寺庙、城市道路以及公园中常可见。

6) 三尖杉科 Cephalotaxaceae

本科仅有1属9种。

三尖杉属 *Cephalotaxus* Sieb. et Zucc. ex Endl.

本属9种,我国产7种3变种,分布于秦岭至山东鲁山以南各省区及台湾。另有1引种栽培变种。

三尖杉 *Cephalotaxus fortunei* Hook. f.

【别名】藏杉、桃松、狗尾松。

【识别特征】常绿乔木,高达20 m。树皮褐色或红褐色,裂成片状脱落;枝条较细长,稍下垂;树冠广圆形。叶排成两列,披针状条形,通常微弯,上部渐窄,上面深绿色,中脉隆起,下面气孔带白色。雄球花8~10聚生成头状。种子椭圆状卵形。花期4月,种子8—10月成熟。

图5.24　三尖杉

【分布】为我国特有树种,产于浙江、安徽南部、福建、江西、湖南、湖北、河南南部、陕西南部、甘肃南部、西南、广西及广东等省区。

【习性】喜温凉湿润气候环境,耐旱,耐阴,喜生长于土壤肥沃湿润、排水良好的酸性砂质土壤。

【繁殖】一般为种子、育苗和扦插繁殖。

【观赏与应用】三尖杉树冠整齐,针叶粗硬,亦可作盆景及园林景观树,有较高的观赏价值。

7) 红豆杉科 Taxaceae

我国为分布中心,有4属12种1变种及1栽培种。

红豆杉属 *Taxus* Linn.

本属约11种,分布于北半球。我国有4种1变种。

红豆杉 *Taxus chinensis* (Pilger) Rehd.

【别名】卷柏、观音杉、红豆树。

【识别特征】常绿乔木,高达30 m,胸径达60~100 cm。树皮灰褐色,裂成条片状脱落;大枝开展。叶排列成两列,条形,微弯或较直,上面深绿色,有光泽,下面淡黄绿色,有两条气孔带,中脉带上有密生均匀而微小的圆形角质乳头状突起点,常与气孔带同色,稀色较浅。雄球花淡黄色。种子常呈卵圆形。

图 5.25　红豆杉

【分布】为中国特有树种,产于甘肃南部、陕西南部、四川、云南东北部及东南部、贵州西部及东南部、湖北西部、湖南东北部、广西北部和安徽南部(黄山),江西庐山有栽培。

【习性】喜荫、耐旱、抗寒的特点,要求土壤 pH 值在 5.5~7.0。性喜凉爽湿润气候,抗寒性强,属阴性树种。喜湿润但怕涝,适于在疏松湿润排水良好的砂质壤土上种植。

【繁殖】采用种子繁殖和扦插繁殖,以育苗移栽为主。

【观赏与应用】在园林绿化,室内盆景方面具有十分广阔的发展前景,如利用珍稀红豆杉树制作的高档盆景。应用矮化技术处理的红豆杉盆景造型古朴典雅。

白豆杉属

8)麻黄科 Ephedraceae Dumortier

本科仅 1 属,约 40 种,分布于亚洲、美洲、欧洲东南部及非洲北部等干旱、荒漠地区。我国有 12 种 4 变种,分布区较广。

麻黄属 *Ephedra* Tourn ex Linn.

本属分 3 组约 40 种,我国有 2 组 12 种及 4 变种。

木贼麻黄 *Ephedra equisetina* Bge.

【别名】木麻黄、山麻黄。

【识别特征】常绿直立小灌木,高达 1 m。木质茎粗长;小枝细,节间短,常被白粉呈灰绿色。叶2 裂,褐色,大部合生,上部约 1/4 分离,裂片短三角形。雄球花单生或集生于节上;雌球花常 2个对生于节上,成熟时肉质红色。种子窄长卵圆形,具明显的点状种脐与种阜。花期 6—7 月,种子 8—9 月成熟。

图5.26　木贼麻黄

【分布】产于河北、山西、内蒙古、陕西西部、甘肃及新疆等省区。

【习性】喜爱阳光,性强健,耐寒,畏热;喜欢生长在干旱的山地及沟崖边。

【繁殖】分株繁殖、播种繁殖。

【观赏与应用】性强健耐寒,喜生于干旱山地及沟岸边,可作岩石园、干旱地绿化植物。

实训9　针叶类园林树木的识别、标本的采集、鉴定与蜡叶标本的制作

1)针叶类园林树木的识别特征

针叶树种主要是乔木或灌木,稀为林质藤本。茎有形成层,能产生次生构造,次生木质部具管胞,稀具导管,韧皮部中无伴胞。叶多为针形、条形或鳞形,无托叶。球花单性,雌、雄同株或异株,胚珠裸露,不包于子房内。种子有胚乳,子叶1至多数。针叶树种多生长缓慢,寿命长,适应范围广,多数种类在各地林区组成针叶林或针、阔叶混交林。

在海拔100~1 500 m地带散生于针叶树、阔叶树林中。金钱松生长较快,喜生于温暖、多雨、土层深厚、肥沃、排水良好的酸性土山区。针叶树气孔器研究对于第四纪植被变化和古气候研究具有重要意义,是对孢粉学的一个重要补充。自20世纪80年代以来,国际上在气孔器的形态研究、表土分布和重建古植被等方面取得一系列进展。

2)针叶树植物标本的采集和鉴定

(1)针叶树植物标本的采集

①采集前的准备。

采集前应先收集有关采集地的自然环境及社会状况方面的资料,以便周密安排采集工作。同时应准备采集必需的用品,主要有标本夹(45 cm×30 cm方格板2块,配以绳带)、标本纸(吸水性强的草纸若干,折成略小于标本夹的3~5张一叠)、采集袋(塑料袋)、枝剪、标签、野外记录纸、照相机、海拔仪、罗盘、望远镜、地形图等。

②采集的时间和地点。

一般应在针叶树木花果最多的季节采集,6—8月是东北地区采集植物标本的理想季节。采集时尽量选择晴朗的天气,如果植物含水过多不利于压干,则容易霉变。尽可能采集到不同生境下的植物标本,并在标签上表明采集地点。

③标本单株选择。

a. 从同种众多单株中,应选择生长正常,无病虫害,具该种典型特征的植株作为采集对象。

b. 力求有花有果(裸子植物有球花、球果)及种子。如果根、茎、叶、花、果和种子一次采不全,应记下目标,以备回采。

c. 植株高的可反复折叠或取代表性的上、中、下3段。

d. 木本植物还应配以种的树皮、冬态、其他物候态、苗期等标本。

e. 采集寄生种,应附寄主标本,并在标签上注明关系。

f. 如供教学、科研用的标本,还应选择多种林龄、不同生境等同种标本。

g. 对生境变态型、异型叶性、雌雄异株等情况,在选择时均应予以考虑,以便反映在标本中。

④采集步骤。

按预定目标,选择符合要求的单株,剪取具代表性枝条25~35 cm(中部偏上枝条为宜),依次完成下列步骤:

a. 初步修整。如疏去部分枝、叶,注意留其分枝及叶柄一部分,以示原状况。

b. 挂上标签,填上编号等(一律用铅笔。下同)。同时同地采集的标本无论份数多少,要给予同一编号。

c. 野外记录真实,与标签编号一致,各项内容务求详尽。

d. 塑料采集袋中,待到一定量时,集中压于标本夹中。

e. 集中应注意同株至少采3份,标以相同采集号。如有意回采,应记下所选单株坐标方位,留以标记。同种不同采区应另行编号。散落物(叶、种子、苞片等)装另备小纸袋中,并与所属枝条同号记载,影像记录与枝条所属单株同号记载。有些不便压在标本夹中的肉质叶、大型果、树皮等可另放,但注意均应挂签,编号与枝相同。

f. 注意有毒性、易过敏种类。

g. 注意爱护资源,尤其是稀有种类。

针叶种子植物标本采集记录表,见表5.1。

表5.1 针叶种子植物标本采集记录表

采集号		科属	
采集时间			年　月　日
采集者			
采集地点			
海拔高度			
树高		胸高直径	
树皮			
树枝			
叶			
花			

续表

果			
习性			
生态环境			
用途			
正名		别名	
学名			
科名			
备考			
种子植物定名签			
种子植物临时定名签			
鉴定人			
植物标本室			

(2)腊叶标本的制作(以罗汉松标本制作为例)

①腊叶标本的压制。

压制是标本在短时间内脱水干燥,使其形态与颜色得以固定。标本制作是将压制好的标本装订在台纸上,即为长期保存的腊叶标本。压制与制作标本须注意以下各点:

a. 顺其自然,稍加摆布,使标本各部,尤其是叶的正背面均有展现。可以再度取舍修整,但要注意保持其特征。

b. 叶易脱落的种,先以少量食盐沸水浸 0.5 ~ 1 min,再以 75% 酒精浸泡,待稍风干后再压。

c. 对于一些特殊植物的压制要采用特殊的方法,例如,对于景天科等肉质植物,采集后长期不死,压制前可以用开水烫一下,以便杀死细胞;对于具有鳞茎、球茎等的植物压制前要用开水烫死,并进行纵切。

d. 及时更换吸水纸。采集当天应换干纸 2 次,以后视情况可以相应减少。换纸后放置通风、透光、温暖处。如球果、枝刺处可多夹些。换下的潮湿纸及时晾干或烘干,备用。

e. 采用木质标本夹进行压制时,将标本和吸水纸相互间隔平铺于木夹上,标本间夹纸以平整为准。对于标本夹用绳索进行捆缚时,要求力道合适,如果过松,不利于标本的固定,容易变形和散落;如果过紧,会导致标本变黑。

②腊叶标本的装帧。

a. 标本压制干燥后即可装订,装订前应消毒、杀虫和做最后定形修整,然后缝合在台纸上(30 ~ 40 cm 重磅白板纸)。

b. 将野外记录贴在左上方;定名签见表5.2,填好贴右下角,此签不得随意改动。对定名签鉴定的名称有异议时,可另附临时定名签。照片、散落物小袋等贴在另一角。贴时均不要用糨糊,以防霉变。

表 5.2　定名签

×××植物标本室			
中文名			
学　名			
科　名		产　地	
采集人		号　数	
鉴定人		日　期	

c.标本布局应注意匀称均衡、自然。装订后的标本再一次消毒,为防止标本磨损,在台纸上附上盖纸,或装入塑料袋保存于专门的标本柜中。

任务 2　阔叶类园林树木识别及应用技术

[任务目的]

- 认识较为常见的园林阔叶树种;
- 通过树木识别,巩固和掌握植物分类的基础知识;
- 了解园林树种的用途及在园林绿化中发挥的作用。

1.阔叶类园林树木的特性及其在园林中的应用

1)阔叶类园林树木的特征和特性

　　阔叶类园林树木是指园林植物中的阔叶类木本植物,包括各种乔木、灌木、木质藤本及竹类等。其中,阔叶树种一般具有扁平、较宽阔叶片,是相对马尾松、雪松、柏木等针叶树种而言的。例如,黄葛树、小叶榕、香樟为阔叶树种。有的常绿,大多在秋冬季节叶从枝上脱落。由阔叶类园林树木组成的森林,称为阔叶林。阔叶类园林树木的经济价值大,不少为重要用材树种,其中有些为名贵木材,如樟树、楠木等。各种水果都是阔叶树,还有一些阔叶类园林树木用作行道树或庭园绿化树种。木本植物是指根和茎因增粗生长形成大量的木质部,而细胞壁也多属木质化而坚固的植物,是相对于百合、吊兰、一串红等草本植物而言的,如法国梧桐、桂花、楠竹等。一般来讲,阔叶类园林树木具有被子植物的主要特征:一般是木本;次生木质部多数具有导管;叶面都宽阔,单叶或复叶;具有典型的花;花有子房,子房内有胚珠,胚珠发育成种子,被果实包被。

　　(1)生物学特性阔叶类园林树木生物学特性是一种内在的特性。如树木的寿命,有的寿命长,有的寿命短,如龙血树能活 1 万年,而桃树寿命很短;又如,树的生长速度,有的生长迅速,有的生长很慢,如泡桐、杨树为速生树种,生长迅速,而银杏生长缓慢;再如树木的开花习性,二乔玉兰、紫荆早春先开花后长叶,而日本樱花则先长叶再开花。树木的生物学特性决定遗传因素,同时也受到生长环境的影响。

　　(2)生态学特性阔叶类园林树木的生态学特性是指树木长期生长在某种环境条件下,形成了对该种环境条件的要求和适应能力。对树木生长发育有影响的因素称为生态因素。生态因素大致可分为气候、土壤、地形和生物 4 类。

　　根据树木对光照强度的需求可分为喜光树种、耐阴树种和中性树种3类。了解树木的需光性和所能忍耐的庇荫条件对园林树木的选择和配置十分重要。根据树木对温度的要求和适应范围,可将树木分成最喜温树木、喜温树木、耐寒树木和最耐寒树木4类。研究树种对温度的要求和适应范围,对园林绿化树种选择和树木引种有极其重要的实践意义。根据树种对水分的需要和适应性,可将树种分为旱生树种、中性树种、湿生树种3类。了解树种对水分条件的需要和适应性,对园林绿化中树种的选择具有重要的指导意义。

　　阔叶类园林树木同其他树木、动物及微生物生长在一定环境中,既相互促进也相互抑制。如同为喜光树种,彼此间就会为争夺光照而发生竞争。因此,在利用其造景时,应充分考虑树木与其他生物因子间的相互关系。

2)阔叶类园林树木在园林中的应用

　　阔叶类园林树木种类丰富,色彩千变万化,既具有生态效益,也具有综合观赏特性,以多样的姿态组成了丰富的轮廓线,以不同的色彩构成了瑰丽的景观。不但以其本身所具有的色、香、姿作园林造景的主题,同时还衬托其他造园题材,形成生机盎然的画面。在现代园林植物造景中可用于独赏树、行道树、庭荫树、树丛、树群、片林、绿篱等。

　　阔叶类园林树木作为独赏树,可设置在广场、庭院、居住区的中心,成为景观平面构图的重心,起统揽全局的作用,此类树种在规划设计时,一般要求体量要大,树形优美,以伞形树冠较为好看,如黄葛树、蓝花楹、白玉兰等,就可放置于广场中央形成主景,达到独特的观赏效果。

　　阔叶类园林树木作为行道树,应以常绿阔叶树木为主,在道路的两侧按照一定的韵律和节奏,均匀布置体型相当的阔叶类园林树木,能够形成富于韵律节奏变化的道路景观,如重庆市高新区和九龙坡的互通道路高九路,就是选用多种阔叶类园林树木作为行道树,增加了绿量,从而大大提升了道路景观的绿化效果。

　　阔叶类园林树木作为庭荫树,应选择夏季枝叶茂密的树种,通过密集枝叶对光的反射、折射、吸收,从而降低庭院的地表温度,达到遮阴降暑的效果。在用于庭荫树树种的选择时,可适当选择花期在夏季的阔叶类园林树木,从而同时达到香化、美化庭院的效果。

　　阔叶类园林树木大量用于城市道路、公园、居住区、单位等环境内的行道树、树丛、树群、片林种植,三五成群,提高区域内景观类型的丰富性。阔叶类园林树木在现代园林景观运用中往往是重点:一方面,阔叶类园林树木品种多,种类齐全;另一方面,阔叶类园林树木能够提高绿量,形成优美的绿化效果,因此,阔叶类园林树木的学习十分重要。

2.我国园林中常见的阔叶类园林树木

1)银杏科 Ginkgoaceae

　　本科仅1属,1种,为中国特产。

银杏属 *Ginkgo* L.

银杏 *Ginkgo biloba* L.

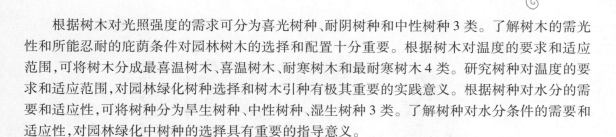

银杏

【别名】公孙树、白果、鸭脚子树。

【识别特征】落叶大乔木,高达40 m。树皮灰褐色,不规则纵裂。幼年及壮年树冠圆锥形,老则广卵形;枝近轮生,斜上伸展。叶扇形,在长枝上互生,在短枝上成簇生状。球花雌雄异株,呈簇生状,雄球花菜荑花序状,下垂,雌球花具长梗,梗端常分两叉。种子核果状,假种皮肉质,被白粉,成熟时橙黄色。花期3—4月,种子9—10月成熟。

图5.27　银杏

【分布】产于浙江天目山,北自东北沈阳,南达广州,东起华东海拔40~1 000 m地带,西南至贵州、云南西部均有栽培。

【习性】阳性树种,喜适当湿润而又排水良好的深厚砂质壤土,不耐积水,能耐旱,耐寒性强。

【繁殖】可用播种、扦插、分蘖和嫁接等法进行繁殖。

【观赏与应用】树姿挺拔、雄伟、古朴,叶形秀美、奇特,春夏翠绿,深秋金黄,观赏价值极高。适宜作行道树、庭荫树、观赏树。常与槭类、枫香、乌桕等色叶树种点缀秋景,也可以与松柏类混植。

2)杨柳科 Salicaceae

本科约3属620种,分布于寒温带、温带和亚热带。我国3属均有,约320余种,尤以山地和北方较为普遍。

(1)杨属 *Populus* L.

本属约100多种,广泛分布于欧、亚、北美。我国约62种(包括6杂交种),其中分布我国的有57种,引入栽培的约4种,此外还有很多变种、变型和引种的品系。

①加杨 *Populus ×canadensis* Moench

【别名】加拿大杨、欧美杨。

【识别特征】落叶大乔木,高达30 m;干直,树皮灰褐色,粗糙,深沟裂,树冠开展呈卵圆形;萌枝及苗茎棱角明显,小枝圆柱形,无毛。叶三角形或三角状卵形,先端渐尖,基部截形或宽楔形,萌果卵圆形。雄株多,雌株少。花期4月,果期5—6月。

图 5.28　加杨

【分布】我国各地普遍栽培，而以华北、东北及长江流域最多。

【习性】喜光，颇耐寒，喜湿润而排水良好之冲积土，对水涝、盐碱和瘠薄土地均有一定耐性，能适应暖热气候。对 SO_2 抗性强，并有吸收能力。

【繁殖】以扦插或嫁接进行繁殖。

【观赏与应用】树形高大，树冠宽阔，叶片大而具有光泽，夏季绿荫浓密，适合作行道树、庭荫树及防护林。同时，也是工矿区绿化及"四旁"绿化的好树种。

②毛白杨 *Populus tomentosa*

【别名】白杨、笨白杨、独摇。

小叶杨

【识别特征】落叶大乔木，高达 30 m。树皮幼时暗灰色，壮时灰绿色，渐变为灰白色，老时基部黑灰色，纵裂，树皮灰白色。叶互生，三角状卵形，边缘深齿牙缘或波状齿牙缘，上面暗绿色，光滑，下面密生毡毛，后渐脱落；叶柄具大腺体 2 枚。柔荑花序，雌雄异株，先叶开放。蒴果长卵形，2 瓣裂。花期 3 月，果期 4 月。

图 5.29　毛白杨

【分布】原产于我国,分布广,北起我国辽宁南部、内蒙古,南至长江流域,以黄河中下游为适生区。

【习性】强阳性树种。喜凉爽湿润气候,喜深厚肥沃、沙壤土,不耐过度干旱瘠薄,稍耐碱。耐烟尘,抗污染。深根性,根系发达,萌芽力强,生长较快。

【繁殖】因扦插不易成活,主要用埋条法繁殖或以青杨作钻木芽接,成活率高。苗期应注意及时摘掉侧芽,保护顶芽的高生长。

【观赏与应用】树干端直,叶色柔和,绿荫如盖,加上生长迅速、抗烟尘和抗污染能力强,长期以来被广泛用于速生防护林、"四旁"绿化及农田林网树种。

(2)柳属 *Salix* L.

本属世界约520多种,主产北半球温带地区,寒带次之,亚热带和南半球极少,大洋洲无野生种。我国257种,122变种,33变型。各省区均产。

①**银柳** *Salix argyracea* E.

【别名】棉花柳、银芽柳。

【识别特征】落叶灌木,高4～5 m。树皮灰色。小枝淡黄至褐色。叶长圆状倒卵形,先端短渐尖,基部楔形,边缘有细腺锯齿,上面绿色,初有灰绒毛,后脱落,下面密被绒毛,有光泽。先花后叶,盛开时花序密被银白色绢毛。花芽肥大,有一个紫红色的苞片,苞片脱落后,即露出银白色的花芽,形似毛笔。花期5—6月,果期7—8月。

杞柳

图5.30 银柳

【分布】原产我国新疆。生于山地云杉林缘或林中空地。我国重庆、上海、南京、山东、杭州、西昌等地有栽培。

【习性】喜光,喜湿润土地,颇耐寒。

【繁殖】扦插繁殖。

【观赏与应用】早春开放的银白色花序,有如满树银花,基部围以红色芽鳞,极为美观。可植于路边、庭园角隅观赏。

②**垂柳** *Salix babylonica* L.

【别名】柳树、杨柳。

【识别特征】落叶乔木,高达18 m,树冠倒广卵形。树皮灰黑色,不规则开裂;小枝细长下垂。叶互生,披针形或条状披针形,先端渐长尖,基部楔形,两面无毛或微有毛,具细锯齿;托叶仅生在萌发枝上,斜披针形或卵圆形。柔荑花序先叶开放。蒴果,带绿黄褐色。花期3—4月;果熟期4—5月。

图5.31　垂柳

【分布】产于长江流域及其以南各省区平原地区,华北、东北有栽培。垂直分布在海拔1 300 m以下,是平原水边常见树种。

【习性】喜光,喜温暖湿润气候及潮湿深厚之酸性和中性土壤。较耐寒,特耐水湿。萌芽力强,根系发达,生长迅速。对有毒气体有一定的抗性,并能吸收SO_2。

【繁殖】以扦插为主,也可用种子繁殖。

【观赏与应用】枝条细长,柔软下垂,随风飘舞,姿态袅娜,最适于河岸及湖边栽植,长长的柳丝水上水下相接,别有风致。垂柳为重要的庭园观赏树种,也可用作行道树、庭荫树、固岸护堤树和平原造林树种。

3)杨梅科 Myricaceae

本科2属50余种,主要分布于热带、亚热带和温带地区。我国产杨梅属。

杨梅属 Myrica L.

本属约50种,分布于热带、亚热带及温带。我国产4种1变种,分布于长江以南各省区。

杨梅 Myrica rubra(Lour.)S. et Z.

【别名】圣生梅、白蒂梅。

【识别特征】常绿灌木或小乔木,高可达15米以上。树冠圆球形。树皮灰色,老时纵向浅裂;小枝近于无毛。叶革质,倒卵状披针形或倒卵状长椭圆形,顶端圆钝或具短尖至急尖,基部楔形,全缘,上面深绿色,有光泽,下面浅绿色,无毛,背面密生金黄色腺体。花单性异株。核果球形,有小疣状突起,熟时深红、紫红呈白色,味甜酸。花期4月,果期6—7月。

图5.32　杨梅

【分布】我国长江以南各省,江苏太湖洞庭山、湖南城步等地均以产杨梅著称。

【习性】喜阴,喜微酸性的山地土壤,耐旱耐瘠,是一种非常适合山地退耕还林、保持生态的理想树种。

【繁殖】种子和嫁接繁殖。

【观赏与应用】著名果树,味酸甜而有香。由于树冠整齐,叶绿,花红,丹实相映,颇具观赏价值。同时,也是厂矿绿化以及城市隔声的优良树种。

4）胡桃科 Juglandaceae

本科有 8 属,约 60 种,大多数分布在北半球热带到温带。我国产 7 属 27 种 1 变种,主要分布在长江以南,少数种类分布到北部。

（1）枫杨属 Pterocarya Kunth

本属分 2 组,约 8 种,其中 1 种产原苏联高加索,1 种产日本和我国山东,1 种产越南北部和我国云南东南部,其余 5 种为我国特有。

枫杨 Pterocarya stenoptera C. DC.

【别名】水麻柳、枫柳、麻柳树。

【识别特征】落叶乔木,高达 30 m。幼树树皮平滑,浅灰色,老时则深纵裂;小枝灰色至暗褐色,具灰黄色皮孔。树冠广卵形。叶多为偶数羽状复叶,叶轴有翅,叶缘具细锯齿。花单性,荑荑花序,雄花单独生于去年生枝条上叶痕腋内,雌花顶生;果序下垂,坚果近球形,果翅狭,条形或阔条形。花期 4—5 月,果熟期 8—9 月。

图 5.33　枫杨

【分布】我国华北、华中、华南和西南各地。

【习性】喜光,稍耐阴,喜温暖潮湿气候,较耐寒、耐水湿,但不宜长期积水,对土壤要求不严。深根性,萌芽力强。对烟尘、SO_2 等有毒气体有一定的抗性。

【繁殖】种子繁殖。

【观赏与应用】树冠开展,枝叶繁茂,遮阴效果好,园林中宜作庭荫树和行道树,因适应性强,耐水湿,抗性强,常作水边护岸固堤、防风林树种及工厂绿化树种。

（2）胡桃属 Juglans L.

本属约 20 种。分布于两半球温、热带区域。我国产 5 种 1 变种,南北普遍分布。

胡桃 Juglans regia L.

【别名】核桃、羌桃、新疆核桃。

【识别特征】落叶乔木,高达 25 m。树皮灰褐色,纵向浅裂;小枝无毛,具光泽,被盾状着生的腺体。奇数羽状复叶,小叶椭圆状卵形至长椭圆形,全缘,背面沿侧脉腋内有 1 簇短柔毛。花单性,雌雄同株,雄性荑荑花序下垂,雌性穗状花序。果实形状大小及内果皮的厚薄均因品种而

异;种子肥厚。花期4—5月,果期9—10月。

图5.34　胡桃

【分布】原产于欧洲东南部及亚洲西部,在华北、西北、西南及华中等地均有大量栽培。

【习性】喜光,喜温暖凉爽气候,较耐干冷,不耐湿热。喜深厚、肥沃、湿润而排水良好的土壤,抗旱性较弱,不耐盐碱;深根性,寿命长。

【繁殖】种子或嫁接繁殖。

【观赏与应用】树体雄伟高大,枝叶繁茂,树皮银灰色,是良好的庭荫树,孤植、丛植均可;因花序、果、叶具挥发性芳香物,有杀菌、杀虫的保健作用,可成片栽植于风景疗养区,果实是优良的干果,是绿化结合生产的好树种。

5)桦木科 Betulaceae

本科6属,约100种,主要分布于北温带。我国有6属,70种,各地均有分布。

(1)桤木属 Alnus Mill.

本属共40余种,分布于亚洲、非洲、欧洲及北美洲,最南分布于南美洲的秘鲁。我国产7种1变种,分布于东北、华北、华东、华南、华中及西南。

桤木 Alnus cremastogyne Burk.

【别名】水冬瓜、水青冈、青木树。

【识别特征】落叶乔木,高可达40 m。树皮灰色,平滑;枝条灰褐色,无毛。叶倒卵形,顶端骤尖或锐尖,基部楔形或微圆,边缘具疏细齿;叶柄细长。花单性。果序2~8集生,矩圆形或圆卵形;序梗细瘦,柔软,下垂,无毛。小坚果卵形或倒卵形;果翅厚纸质或膜质。花期2—3月,果期11月。

图5.35　桤木

【分布】产于我国四川中部海拔 2 400 m 以下，贵州北部、甘肃南部、陕西西南部、安徽、湖南、湖北、山东、广东、江苏等地也有栽培。

【习性】喜光，喜温暖气候，适生于年平均气温 15～18 ℃，降水量 900～1 400 mm 的丘陵及平原。对土壤适应性强，喜水湿，多生于河滩低湿地。根具根瘤，固氮能力强，速生。

【繁殖】可播种繁殖，也可分蘖繁殖。

【观赏与应用】树冠开展，生长快，可作为庭荫树、行道树；也可作风景林及岸边绿化树种；还可进行公路绿化、河滩绿化，可固土护岸，改良土壤。

（2）桦木属 Betula L.

　　本属约 100 种，主要分布于北温带，少数种类分布至北极区内。我国产 29 种 6 变种。全国均有分布。

亮叶桦 *Betula luminifera* H. Winkl.

【别名】光皮桦、桦角、花胶树。

【识别特征】落叶乔木，高达 20 m。树皮淡黄褐色，光滑不裂，树皮及枝皮有香气；枝条红褐色，无毛，有蜡质白粉。叶卵形、长卵形或长圆形，顶端骤尖或呈细尾状，基部圆形，有时近心形或宽楔形，边缘具不规则的刺毛状重锯齿，叶下面密生树脂腺点。果序单生，圆柱形，果翅较果宽 1 倍。花期 3 月下旬至 4 月上旬，种子成熟期 5 月下旬。

图 5.36　亮叶桦

【分布】华中、华东、华南及西南等地。

【习性】喜光，喜温暖湿润气候及深厚、肥沃的酸性沙壤土，也能耐干旱瘠薄。生长较快，深根性、萌蘖性强。

【繁殖】种子繁殖。

【观赏与应用】树形高大,树冠开展,干皮光洁,生长迅速,可提倡在园林中作庭荫树和行道树。

6)壳斗科(山毛榉科)Fagaceae

本科7属900余种,除热带非洲和南非外,全球分布。我国7属320余种。

(1)栎属 *Quercus* L.

本属约300种,广布于亚、非、欧、美4洲。我国有51种,14变种,1变型;引入栽培历史较长的有2种。分布全国各省区,多为组成森林的重要树种。

蒙古栎 *Quercus mongolica* Fisch. ex Ledeb.

【别名】蒙栎、柞栎、柞树。

【识别特征】落叶乔木,高达30 m。树皮灰褐色,纵裂。幼枝紫褐色,有棱,无毛。叶片倒卵形至长倒卵形,叶缘钝齿或粗齿。雄花序生于新枝下部,花序轴近无毛;雌花序生于新枝上端叶腋。壳斗杯形,包着坚果1/3 ~ 1/2。坚果卵形至长卵形,无毛,果脐微突起。花期4—5月,果期9月。

图5.37　蒙古栎

【分布】产于我国东北、内蒙古、河北、山东等省区。现在华北,华中,西南地区主要城市均有栽植。

【习性】喜温暖、湿润,也能耐一定寒冷和干旱。对土壤要求不严,酸性、中性或石灰岩的碱性土壤上都能生长,耐瘠薄,不耐水湿。

【繁殖】播种繁殖。

【观赏与应用】蒙古栎是营造防风林、水源涵养林及防火林的优良树种,孤植、丛植或与其他树木混交成林均甚适宜。

栓皮栎

(2)栗属 *Castanea* Mill.

本属12 ~ 17种,分布亚洲、欧洲南部及其以东地区、非洲北部、北美东部。我国有4种及1变种,其中有1种为引进栽培,全国均有分布。

栗 *Castanea mollissima* Bl.

【别名】板栗。

【识别特征】落叶乔木,高达20 m。树冠扁球形,树皮灰褐色,交错纵深裂。叶椭圆状披针形,顶部短至渐尖,基部近截平,或两侧稍向内弯而呈耳垂状,边缘锯齿状芒状,叶背被灰白色星状毛。花单性。总苞成带长刺壳斗,内含1 ~ 3粒果实,坚果。花期4—6月,果期8—10月。

图5.38　栗(板栗)

【分布】原产于中国,分布于我国大部分地区及越南,现已人工广泛栽培。

【习性】喜光,北方品种能抗寒,南方品种耐热,对土壤要求不严,喜肥沃温润、排水良好的砂质土或沙壤土,对有害气体抗性强。忌积水及土壤黏重。深根性,根系发达,萌芽力强,耐修剪,寿命长达300年以上。

【繁殖】种子和嫁接繁殖。

【观赏与应用】树冠圆广、枝茂叶大,在公园草坪及坡地孤植或丛植均适宜,可作风景园林树种,观赏的同时收获果实;也可作山区绿化造林和水土保持树种。

7)榆科 Ulmaceae

本科16属,约230种,广布于世界热带至温带,主要分布于北半球。我国8属46种,10变种,分布几乎遍及全国。

(1)朴属 Celtis L.

约60种,广布于全世界热带和温带地区。我国有11种2变种,产辽东半岛以南广大地区。

朴树 Celtis sinensis Pers.

【别名】黄果朴、紫荆朴、小叶朴。

【识别特征】落叶乔木,高达20 m。树冠卵形,树皮平滑,灰色。叶厚纸质至近革质,卵形,先端尖至渐尖,基部略不对称,叶缘有浅钝锯齿。核果近球形,具4条肋,表面有网孔状凹陷,果熟时暗红色。花期3—4月,果熟期9—10月。

图5.39　朴树

【分布】多生于平原耐阴处;分布于淮河流域、秦岭以南至华南各省区。

【习性】较喜光,喜温暖气候及较湿润土壤,常生于向阳山坡及村落周围,适应性强,耐干旱瘠薄,耐轻度盐碱,耐水湿;寿命长,常见200～300年老树。

【繁殖】播种繁殖。

【观赏与应用】树冠大,干皮光洁,秋季叶色变黄,常作庭荫树,作行道树及桩景树也颇美观。

（2）榆属 *Ulmus* L.

　　本属 30 余种,产北半球。我国有 25 种 6 变种,分布遍及全国,以长江流域以北较多。另引入栽培 3 种。

①榆树 *Ulmus pumila* L.

【别名】白榆、家榆、榆钱树。

【识别特征】落叶乔木,高达 25 m。树干直立,树冠近球形或卵圆形。幼树树皮平滑,灰褐色或浅灰色,老树皮深灰色,粗糙,不规则纵裂。单叶互生,卵状椭圆形至椭圆状披针形,边缘多重锯齿,通常仅上面有短柔毛。花两性,早春先叶开花或花叶同放。翅果近圆形,顶端有凹缺。花果期 3—6 月。

图 5.40　榆树

【分布】产于我国东北、华北、西北、华东等地。

【习性】阳性树种,喜光,耐旱,耐寒,耐瘠薄,不择土壤,适应性很强。根系发达,抗风力、保土力强。萌芽力强,耐修剪。生长快,寿命长。

【繁殖】主要采用播种繁殖,也可用分蘖、扦插法繁殖。

【观赏与应用】适应性强,多用作庭荫树、行道树、工矿区防护林树种及防风固沙树种,可作西北荒漠、华北及淮北平原、丘陵及东北荒山、砂地及滨海盐碱地的造林或"四旁"绿化树种,还可修剪作绿篱。又因其老茎残根也能生萌蘖,多用来作桩景和盆景。

【栽培变种】金叶榆 *Ulmus pumila* L. cv. 'Jinye'：小枝金黄色,叶金黄色。

图 5.41　金叶榆

②**榔榆** *Ulmus parvifolia* Jacq.

【别名】小叶榆、秋榆、掉皮榆。

【识别特征】落叶乔木,高达 25 m。树冠广圆形;树皮灰褐,不规则鳞状薄片剥落;当年生枝密被短柔毛,深褐色。叶质地厚,披针状卵形或窄椭圆形,上面无毛有光泽,边缘有单锯齿;幼树及萌芽枝为重锯齿。花在叶腋簇生或排成簇状聚伞花序,花被上部杯状,下部管状。翅果卵状椭圆形。花果期 8—10 月。

图 5.42　榔榆

【分布】广布于华北、华东,华南、西南等地。

【习性】喜光树种,稍耐荫。耐干旱,喜温暖气候及较湿润,肥沃土壤。在酸性、中性及碱性石灰质土上均能生长。

【繁殖】主要是播种繁殖、扦插繁殖。

【观赏与应用】榔榆小枝纤垂,树皮班驳,秋叶转红,姿态潇洒,具较高的观赏价值。宜孤植作庭荫树,也可作行道树、园景树或制作成盆景。抗性强,工矿区绿地绿化树种。

(3)**榉属** *Zelkova* Spach

约 10 种,分布于地中海东部至亚洲东部。我国有 3 种,产辽东半岛至西南以东的广大地区。

榉树 *Zelkova serrata* (Thunb.) Makino

【别名】大叶榉。

【识别特征】落叶乔木,高达 30 m。树皮褐灰色,呈不规则的片状剥落。叶厚纸质,长椭圆状卵形,边缘有钝锯齿;叶面绿。花单性。核果上部歪斜,几无柄。花期 4 月,果熟期 9—11 月。

图5.43　榉树

【分布】产于淮河及秦岭以南,长江中下游至华南、西南各省区。多垂直分布在海拔500~1 900 m以下之山地、平原。

【习性】阳性树种,喜光,喜温暖环境。适生于深厚、肥沃、湿润的土壤,对土壤的适应性强,酸性、中性、碱性土及轻度盐碱土均可生长。深根性,抗风力强。忌积水,不耐干旱和贫瘠。生长慢,寿命长。

【繁殖】播种繁殖。

【观赏与应用】树姿端庄,盛夏绿荫浓密,秋叶变成褐红色,是观赏秋叶的优良树种。常种植于绿地中的路旁、墙边,作孤植、丛植配置和作行道树。榉树适应性和抗风力强,耐烟尘,也是城乡绿化和营造防风林的好树种。

8)桑科 Moraceae

本科53属1 400种,多分布于热带和亚热带。我国12属153种。

(1)构属 Broussonetia L' Herit. ex Vent.

本属约4种,分布于亚洲东部和太平洋岛屿。我国均产,主要分布于西南部至东南部各省区。

构树 *Broussonetia papyrifera*(L.)L' Hert. ex Vent.

【别名】构桃树、构乳树、楮实子。

【识别特征】落叶乔木,高达20 m。树冠开张,卵形至广卵形。树皮平滑,浅灰色或灰褐色;小枝密生柔毛;全株含乳汁。叶螺旋状排列,卵圆至阔卵形,先端渐尖,基部心形,两侧常不相等,边缘有粗齿,两面有厚柔毛。花雌雄异株;雄花序为柔荑花序;雌花序球形头状。果实球形,熟时橙红色或鲜红色,肉质。花期4—5月,果期6—7月。

图5.44　构树

【分布】中国黄河、长江和珠江流域地区。

【习性】强阳性树种,适应性特强,抗逆性强。根系浅,侧根分布很广,生长快,萌芽力和分蘖力强,耐修剪。抗污染性强。

【繁殖】种子或扦插繁殖。

【观赏与应用】适应性强,耐城市环境,可用作污染严重工厂的绿化树种;也可用作庭荫树或行道树。

(2)**榕属** *Ficus* L.

我国约98种,3亚种,43变种2变型。分布西南部至东部和南部,其余地区较稀少。

①**高山榕** *Ficus altissima* Blume

【别名】大青树、大叶榕、万年青。

【识别特征】常绿大乔木,高25～30 m。树皮灰色,平滑;幼枝绿色,被微柔毛。叶厚革质,广卵形至广卵状椭圆形,全缘,两面光滑。榕果成对腋生,椭圆状卵圆形,成熟时红色或带黄色,顶部脐状凸起;雄花散生榕果内壁。瘦果表面有瘤状凸体。花期3—4月,果期5—7月。

图5.45　高山榕

【分布】产海南、广西、云南(南部至中部、西北部)、四川。

【习性】阳性树种,喜高温多湿气候,耐干旱瘠薄,抗风,抗大气污染,生长迅速,移栽容易成活。夏季勤浇水,可生长良好。

【繁殖】以播种和扦插繁殖方法为主。

【观赏与应用】高山榕树冠大,四季长青,极好的城市绿化树种。适合用作园景树和遮荫树。适应性强,极耐荫,适合在室内长期陈设。江南常做行道树及孤植树。

②**菩提树** *Ficus religiosa* L.

【别名】思维树、觉树、沙罗双树。

【识别特征】常绿大乔木,高达15～25 m。树皮灰色,平滑或微具纵纹,冠幅广展;小枝灰褐色,

幼时被微柔毛。叶革质,三角状卵形,表面深绿色,光亮,背面绿色,全缘或为波状,基生叶脉三出。榕果球形至扁球形,成熟时红色。花期 3—4 月,果期 5—6 月。

图 5.46　菩提树

【分布】广东、广西、西南地区多有栽培。

【习性】喜光、喜高温高湿,不耐霜冻;抗污染能力强,对土壤要求不严,但以肥沃、疏松的微酸性砂壤土为好。

【繁殖】扦插、压条繁殖。

【观赏与应用】菩提树对氢氟酸抗性强,宜作污染区的绿化树种。同时,它分枝扩展,树形高大,枝繁叶茂,是优良的观赏树种,宜作庭院行道的绿化树种。

③黄葛树 *Ficus virens* Ait. var. *sublanceolata*(Miq.)Corner

【别名】黄桷树、大叶榕、马尾榕。

【识别特征】落叶乔木,高 15 ~ 20 m。植体常有白色乳汁。叶薄革质或皮纸质,卵状披针形,先端渐尖,全缘,背面突起,网脉稍明显。托叶早落,形成环状托叶痕。榕果单生或成对腋生或簇生于已落叶枝叶腋,球形,成熟时紫红色,无总柄。雄花、瘿花、雌花生于同一榕果内。花期 4—6 月,果期 7—11 月。

图 5.47　黄葛树

【分布】广布西南地区及东南。

【习性】喜光、喜温暖湿润气候,耐水湿,环境适应能力强,生长速度快,根系发达,渗透力强。

【繁殖】播种、扦插、压条繁殖,目前多用扦插繁殖法。

【观赏与应用】树冠庞大,浓荫如盖,新叶绽放后鲜红色托叶纷纷落地,十分美观,而且能抵强风,移栽容易,适应力强,适于作行道树、园景树和庭荫树。

9)山龙眼科 Proteaceae

本科约 60 属,1 300 种;主产于大洋洲和非洲南部,亚洲和南美洲也有分布。我国有 4 属(其中 2 属为引种),24 种、2 变种,分布于西南部、南部和东南部各省区。

(1) 山龙眼属 *Helicia* Lour.

约 90 种,分布于亚洲,大洋洲热带和亚热带地区。我国产 18 种、2 变种,分布于西南至东南各省区。

小果山龙眼 *Helicia cochinchinensis* Lour.

【别名】红叶树、越南山龙眼。

【识别特征】常绿乔木或灌木,高可达 20 m。树皮灰褐色或暗褐色;枝和叶均无毛。叶薄革质或纸质,长圆形、倒卵状椭圆形,顶端短渐尖,基部楔形,全缘或上半部叶缘具疏生浅锯齿。总状花序,腋生。果椭圆状,果皮干后薄革质,熟时蓝黑色。花期 6—10 月,果期 11 月至翌年 3 月。

图 5.48　小果山龙眼

【分布】主要分布于浙江、江西、福建、重庆、四川、云南、海南等省市。

【习性】稍耐阴,热带、亚热带树种,要求温暖湿润气候;在深厚肥沃的中性、微酸性土壤中生长良好。

【繁殖】播种繁殖。

【观赏与应用】树冠丰满,枝叶繁茂,宛如剪形树一般,老叶脱落前变为红色,红绿相间,艳如春花。可孤植、列植、丛植。

(2) 银桦属 *Grevillea* R. Br.

约 160 种。分布于新喀里多尼亚、澳大利亚、苏拉威西岛。我国普遍栽培的仅一种。

银桦 *Grevillea robusta* A. Cunn. ex R. Br.

【别名】绢柏、丝树、银橡树。

【识别特征】常绿乔木,高 10～25 m。树皮暗褐色,具浅皱纵裂;嫩枝被锈色绒毛。叶二次羽状深裂,上面无毛,下面被褐色绒毛和银灰色绢状毛,边缘背卷。总状花序腋生,或排成少分枝的顶生圆锥花序。果皮革质,黑色;种子长盘状,边缘具窄薄翅。花期 3—5 月,果期 6—8 月。

图5.49　银桦

【分布】云南、四川、重庆、广西、广东、福建、江西南部、浙江、台湾等省市区。

【习性】强阳性树种,但亦稍耐荫,性喜阳光充足、高温、空气湿度大而排水良好的环境。

【繁殖】播种繁殖。

【观赏与应用】银桦生长迅速,树干通直,树形美观,花色橙黄,而且叶形奇特,颇似蕨叶,抗烟尘,适应城市环境,是南亚热带地区优良的行道树,也可用于庭园中孤植、对植。

10)小檗科 Berberidaceae

本科17属,约有650种,主产北温带和亚热带高山地区。中国有11属,约320种。全国各地均有分布,但以四川、云南、西藏种类最多。

(1)小檗属 *Berberis* Linn.

本属约500种,主产北温带,但本属是小檗科中唯一分布于热带非洲山区和南美洲的属。中国约有250多种,主产西部和西南部。

日本小檗 *Berberis thunbergii* DC.

【别名】刺檗、红叶小檗、紫叶小檗。

【识别特征】落叶灌木,一般高约1 m。多分枝,枝条开展,具细条棱,幼枝淡红带绿色,无毛,老枝暗红色。叶薄纸质,倒卵形菱状卵形,全缘,上面绿色,背面灰绿色,无毛。具总梗的伞形花序或近簇生的伞形花序,或无总梗而呈簇生状;花黄色。浆果椭圆形,亮鲜红色;种子棕褐色。花期4—6月,果期7—10月。

图5.50　日本小檗

【分布】原产日本,中国大部分省区、特别是各大城市均有引种栽培。

【习性】喜阳,能耐半阴,喜肥沃、湿润及排水良好的沙质土壤,适应性强,喜凉爽湿润环境,耐旱,耐寒,光线稍差或密度过大时部分叶片会返绿。

【繁殖】播种或扦插繁殖。

【观赏与应用】常栽培于庭园中或路旁作绿化或绿篱用。还可盆栽观赏,是植花篱、点缀山石的好材料。

（2）**十大功劳属** *Mahonia* Nuttall

　　本属约 60 种,分布于东亚、东南亚、北美、中美和南美西部。中国约有 35 种,主要分布四川、云南、贵州和西藏东南部。

十大功劳 *Mahonia fortunei*（Lindl.）Fedde

【别名】狭叶十大功劳、细叶十大功劳。

阔叶十大功劳

【识别特征】常绿灌木,高 0.5～2（～4）m。叶倒卵形至倒卵状披针形,上面暗绿至深绿色,叶脉不显,背面淡黄色,叶脉隆起;小叶无柄,狭披针形至狭椭圆形。总状花序 4～10 个簇生;花黄色。浆果球形,紫黑色,被白粉。花期 7—9 月,果期 9—11 月。

图 5.51　十大功劳

【分布】产于广西、四川、贵州、湖北、江西、浙江。生于山坡沟谷林中、灌丛中、路边或河边。海拔 350～2 000 m。

【习性】喜温暖湿润的气候,具有较强的抗寒能力,不耐暑热,性强健、耐荫、忌烈日曝晒,比较抗干旱,喜排水良好的酸性腐殖土,极不耐碱,怕水涝。多生长于山坡林下及灌木丛处或较阴湿处。

【繁殖】扦插、分株、播种繁殖。

【观赏与应用】叶形奇特黄花似锦典雅美观,在园林中可植为庭院绿篱、果园、菜园的四角作为境界林,也适于建筑物周边配植,具有较高的观赏价值。对二氧化硫抗性较强,工矿区优良美化植物。

（3）**南天竹属** *Nandina* Thunb.

　　仅有 1 种,分布于中国和日本。北美东南部常有栽培。

南天竹 *Nandina domestica* Thunb.

【别名】白天竹、天竹子、兰天竺。

【识别特征】常绿灌木,株高约 2 m。茎常丛生而少分枝,光滑无毛,幼枝常为红色,老后呈灰色。叶互生,集生于茎的上部,2~3 回奇数羽状复叶;小叶薄革质,上面深绿色,冬季变红色。圆锥花序顶生;花小,白色;浆果球形,鲜红色。花期 3—6 月,果期 5—11 月。

图 5.52　南天竹

【分布】产于中国长江流域及陕西、山东、重庆、湖北、江苏、云南、四川等地。

【习性】喜温暖多湿及通风良好的半阴环境。较耐寒,能耐微碱性土壤。适宜在湿润肥沃、排水良好的沙壤土中生长,为钙质土壤指示植物。

【繁殖】可播种、分株繁殖,也可扦插。

【观赏与应用】由于其植株优美,春、秋、冬叶红艳,果实鲜艳,是观叶、观花、观姿态优良树种。地栽、盆栽、制作盆景均具有很高的观赏价值,为我国古典园林中常用。多配置于山石旁、庭前屋后、院落隅角或花台之中。现代园林中,可丛植于草坪边缘、园路转角、林荫道旁、树丛之前、花池、花境中。

11) 木兰科 Magnoliaceae

本科 18 属,约 335 种,主要分布于亚洲东南部、南部,北美东南部。我国 14 属,约 165 种,主要分布于东南部至西南部。

(1) 木兰属 *Magnolia* L.

本属约 90 种,产亚洲东南部温带及热带。我国约有 31 种,分布于西南部、秦岭以南至华东、东北。

①玉兰 *Magnolia denudata* Desr.

【别名】应春花、白玉兰、望春花。

【识别特征】落叶乔木,高达 25 m。枝广展形成宽阔的树冠;树皮深灰色,粗糙开裂。叶纸质,倒卵状椭圆形,叶上深绿色,中脉及侧脉留有柔毛,下面淡绿色,沿脉上被柔毛,网脉明显。花先叶开放,芳香,白色,基部常带粉红色。聚合果圆柱形;种子心形,外种皮红色,内种皮黑色。花期 2—3 月(亦常于 7—9 月再开一次花),果期 8—9 月。

【分布】产于江西(庐山)、浙江(天目山)、湖南(衡山)、贵州。生于海拔 500~1 000 m 的林中。现全国各大城市园林广泛栽培。

【习性】喜光,较耐寒,可露地越冬;爱干燥,忌低湿,栽植地渍水易烂根。喜肥沃、排水良好而带微酸性的砂质土壤,在弱碱性的土壤上亦可生长。

图5.53　玉兰

【繁殖】播种、嫁接、压条及扦插繁殖。

【观赏与应用】玉兰树姿挺拔不失优雅，叶片浓翠茂盛，自然分枝匀称，适宜庭院种植；生长迅速，适应性强，病虫害少，非常适合种植于道路两侧作行道树；对二氧化硫、氯等有毒气体抵抗力较强，可防治工业污染、优化生态环境，是厂矿地区极好的防污染绿化树种。

②荷花玉兰 *Magnolia grandiflora* L.

【别名】广玉兰、洋玉兰。

【识别特征】常绿乔木，高达30 m。树冠圆锥形。树皮淡褐色或灰色，薄鳞片状开裂。叶厚革质，椭圆形，表面深绿色，有光泽，背面密被锈色绒毛。花单生于枝顶，荷花状，白色，有芳香。聚合果圆柱形，密被褐色或灰黄色绒毛；蓇葖开裂，种子近卵圆形，红色。花期5—6月，果期9—10月。

图5.54　荷花玉兰

【分布】我国浙江、安徽、江西、福建、广东、重庆、四川、贵州等地均有栽培。

【习性】耐阴。亚热带树种。喜温暖湿润气候及肥沃的酸性土壤，抗污染，不耐碱土。根系深广，颇能抗风。

【繁殖】播种和嫁接繁殖。

【观赏与应用】树姿雄伟壮丽,叶大荫浓,花似荷花,芳香馥郁,为美丽的园林绿化观赏树种。在庭院中宜孤植、丛植或成排种植。荷花玉兰还能耐烟抗风,对 SO_2 等有毒气体有较强的抗性,故又是净化空气、保护环境的好树种。

③**紫玉兰** *Yulania liliiflora* Desr.

【别名】辛夷、木笔。

【识别特征】落叶灌木,高达 3 m。常丛生,树皮灰褐色,小枝绿紫色。叶椭圆状倒卵形,上面深绿色,幼嫩时疏生短柔毛,下面灰绿色,沿脉有短柔毛。花叶同时开放,瓶形,直立,稍有香气,外面紫红色,内面白色,椭圆状倒卵形。聚合果深紫褐色,圆柱形。花期3—4月,果期8—9月。

图 5.55　紫玉兰

【分布】产于福建、湖北、四川、重庆、云南西北部。生于海拔 300 ~ 1 600 m 的山坡林缘。

【习性】喜温暖湿润和阳光充足环境,较耐寒,但不耐旱和盐碱,怕水淹,喜疏松肥沃的酸性和排水好的沙壤土。

【繁殖】常用分株法、压条和播种繁殖。

【观赏与应用】紫玉兰是著名的早春观赏花木,适用于古典园林中厅前院后配植,也可孤植或散植于小庭院内。还可用于城市街道、花坛、公园等绿化。

④**二乔玉兰** *Magnolia soulangeana* Soul. –Bod.

【别名】二乔木兰、紫砂玉兰。

【识别特征】落叶小乔木,高 6 ~ 10 m。小枝无毛。叶片互生,叶纸质,倒卵形。花蕾卵圆形,花先叶开放,浅红色至深红色。聚合果,蓇葖卵圆形或倒卵圆形,具白色皮孔。种子深褐色,宽倒卵形或倒卵圆形,侧扁。花期2—3月,果期9—10月。

图 5.56　二乔玉兰

【分布】原产于中国,生长于北美至南美的委内瑞拉东南部和亚洲的热带及温带地区,中国栽培范围很广。

【习性】喜光,温暖湿润的气候。不耐积水和干旱。喜中性、微酸性或微碱性的疏松肥沃的土壤以及富含腐殖质的沙质壤土。

【繁殖】播种和嫁接繁殖。

【观赏与应用】二乔玉兰是早春色、香俱全的观花树种,花大色艳,观赏价值很高,是城市绿化的极好花木。广泛用于公园、绿地和庭园等孤植观赏。可用于排水良好的沿路及沿江河生态景观建设。

(2)木莲属 *Manglietia* Blume

　　本属约 30 余种,分布于亚洲热带和亚热带,以亚热带种类最多。我国有 22 种,产于长江流域以南,为常绿阔叶林的主要树种。

木莲 *Manglietia fordiana* Oliv.

【别名】乳源木莲、海南木莲、黄心树。

【识别特征】常绿乔木,高达 20 m。嫩枝及芽被红褐绢毛。叶厚革质,狭倒卵形或倒披针形,沿叶柄稍下延,边缘稍内卷,下面疏生红褐色短毛。花被片纯白色,外轮 3 片质较薄,近革质,内 2 轮的稍小,常肉质,倒卵形。聚合果褐色,卵球形。花期 5 月,果期 10 月。

图 5.57　木莲

【分布】产于福建、广东、广西、贵州、云南。生于海拔 1 200 m 的花岗岩、沙质岩山地丘陵。

【习性】喜温暖湿润气候及土层深厚、肥沃的酸性、微酸性土壤。幼年耐阴,长大后喜光。在低海拔干热环境生长不良。

【繁殖】播种、嫁接繁殖。

【观赏与应用】木莲树姿优美,绿荫如盖,花大洁白,典雅清秀,聚合果深红色,观赏价值高。宜作园景树、行道树、庭荫树。适宜于草坪、庭园或名胜古迹处种植。

(3)含笑属 *Michelia* L.

　　约 50 余种,分布于亚洲热带、亚热带及温带。我国约有 41 种,主产西南部至东部,以西南部较多。

白兰 *Michelia alba* DC.

【别名】白兰花、黄葛兰。

【识别特征】常绿乔木,高达17 m。枝广展,呈阔伞形树冠。树皮灰白;揉枝叶有芳香。叶薄革质,长椭圆形或披针状椭圆形。花白色或略带黄色,有浓香;花瓣肥厚,长披针形。蓇葖疏生的聚合果;蓇葖熟时鲜红色。花期4—9月,夏季盛开,通常不结实。

图5.58　白兰

【分布】原产于印度尼西亚爪哇。现重庆、四川、武汉等地均有栽培。

【习性】喜光照充足、暖热湿润和通风良好的环境,不耐寒,不耐阴,也怕高温和强光。宜排水良好、疏松、肥沃的微酸性土壤,最忌烟气、台风和积水。

【繁殖】常用压条和嫁接繁殖。

【观赏与应用】叶色葱绿,花香怡人。在庭院中可孤植于草坪或列植于道旁,均能发挥其绿荫树和香花树的应有作用。

(4)鹅掌楸属 *Liriodendron* L.

本属2种,我国1种,北美1种。

鹅掌楸 *Liriodendron chinense* (Hemsl.) Sargent.

【别名】马褂木。

【识别特征】落叶乔木,高达40 m,胸径1 m以上,小枝灰色或灰褐色,具有环状托叶痕。叶倒马褂状,两侧各具1侧裂片,先端具2浅裂。花冠杯状,花被片9,外轮3片绿色、内两轮6片、花瓣状、倒卵形,绿色,具黄色纵条纹。聚合果,具翅的小坚果顶端钝或钝尖。花期5月,果期9—10月。

图5.59　鹅掌楸

【分布】产于华东、华南、华中、西南以及陕西等地。我国台湾也有栽培。

【习性】生长迅速,喜光及温和湿润气候,稍耐寒,喜深厚肥沃、排水良好的酸性或微酸性土壤(pH4.5~6.5),忌干旱和低湿水涝。

【繁殖】种子繁殖,须人工辅助授粉。扦插育苗。

【观赏与应用】鹅掌楸树干挺直,树冠伞形,叶形奇特,秋叶变黄,珍贵观赏树种。可作行道树、庭荫树、孤植树或丛植于草坪、列植于园路,或与常绿林、阔叶混交成风景林。对有害气体抗性较强,工矿区绿化的优良树种之一。

　　本属中另一种北美鹅掌楸(*Liriodendron tulipifera* L.)。和鹅掌楸比较,北美鹅掌楸小枝褐色或紫褐色;叶近基部每边具2侧裂片,叶下面无白粉点;花被片长4~6 cm,两面近基部具不规则的橙黄色带。我国大量栽植的是两个种的杂交种。

12) 蜡梅科 Calycanthaceae

　　本科2属,7种,2变种,分布于亚洲东部和美洲北部。我国有2属,4种,1栽培种,2变种,分布广泛。

蜡梅属 *Chimonanthus* Lindl.

　　本属3种,我国特产。日本、朝鲜及欧洲、北美等均有引种栽培。

蜡梅 *Chimonanthus praecox* (L.) Link.

【别名】黄梅、香梅。

【识别特征】落叶灌木,高达4 m。幼枝四方形,老枝近圆柱形,灰褐色,有皮孔。叶纸质至近革质,卵圆形、宽椭圆形至卵状椭圆形。花着生于第二年生枝条叶腋内,先花后叶,花黄色,芳香。花期11月至翌年3月,果期4—11月。

图5.60　蜡梅

【分布】主产于湖北、陕西等省,在鄂西及秦岭地区常见野生,现各地栽培,为早春观赏树种。

【习性】喜阳光,但也略耐阴,较耐寒,耐旱。怕风,忌水湿,宜植向阳背风处。要求肥沃、深厚、排水良好的中性或微酸性砂质土,忌黏土、盐碱土。寿命长,发枝力强,耐修剪。抗 SO_2 及 Cl_2 污染,病虫害少。

【繁殖】以嫁接为主,也可分株繁殖。

【观赏与应用】我国传统珍贵花木,花开寒冬早春,色娇香郁,形神俊逸。一般孤植、对植、丛植、列植于花池、花台、入口两侧、墙隅、草坪等地。花经久不凋,是冬季名贵切花。也作盆栽、盆景。

13)樟科 Lauraceae

本科约45属2 500种,主产于热带和亚热带。我国约有20属,423种,43变种和5变型,主产于长江流域及以南地区。

(1)樟属 Cinnamomum Trew

本属约250种,产于热带亚热带亚洲东部、澳大利亚及太平洋岛屿。我国约有46种和1变型,主产南方各省区,北达陕西及甘肃南部。

①樟 Cinnamomum camphora (L.)Presl

【别名】樟树、香樟、芳樟。

【识别特征】常绿大乔木,高可达30 m。树冠广卵形;枝、叶及木材均有樟脑香味;树皮黄褐色,有不规则的纵裂。叶互生,卵状椭圆形,边缘全缘,上面绿色,有光泽,下面灰绿色,晦暗;具离基三出脉,脉腋间隆起为腺体。圆锥花序腋生,花绿白或带黄色。核果近球形,熟时紫黑色;果托杯状。花期4—5月,果期8—11月。

图5.61　樟

【分布】香樟为亚热带常绿阔叶林的代表树种,主要产地是台湾、福建、重庆、山东、湖南、湖北、云南、浙江等省。

【习性】喜光,稍耐阴;喜温暖湿润气候,耐寒性不强,对土壤要求不严,较耐水湿,但不耐干旱、瘠薄和盐碱土。主根发达,深根性,能抗风。萌芽力强,耐修剪。

【繁殖】播种、扦插繁殖。

【观赏与应用】树姿雄伟,枝叶茂密,冠大荫浓,能吸烟滞尘、涵养水源、固土防沙和美化环境,是城市绿化的优良树种,广泛作为庭荫树、行道树、防护林及风景林。在草地中丛植、群植、孤植或作为背景树。

②天竺桂 Cinnamomum japonicum Sieb.

【别名】浙江樟、竺香、山肉桂。

【识别特征】常绿乔木,高10～15 m。枝条细弱,无毛,红褐色,具香气。叶近对生或在枝条上部者互生,卵圆状长圆形至长圆状披针形,革质,上面绿色,光亮,下面灰绿色,晦暗,两面无毛。圆锥花序腋生,末端为3～5花的聚伞花序。果长圆形;果托浅杯状,基部骤然收缩成细长的果梗。花期4—5月,果期7—9月。

图 5.62　天竺桂

【分布】产江苏、浙江、安徽、江西、福建及台湾。

【习性】中性树种。幼年期耐阴。喜温暖湿润气候，在排水良好的微酸性土壤上生长最好，中性土壤亦能适应。对二氧化硫抗性强。

【繁殖】常用播种和扦插繁殖，也可用组织培养法繁殖。

【观赏与应用】天竺桂由于其长势强，树冠扩展快，并能露地过冬，加上树姿优美，抗污染，观赏价值高，病虫害很少的特点，常被用作行道树或庭园树种栽培。同时，也用作造林栽培。

（2）楠属 *Phoebe* Nees

　　本属约 94 种，分布亚洲及热带美洲。我国有 34 种 3 变种，产长江流域及以南地区，以云南、四川、湖北、贵州、广西、广东为多。

楠木 *Phoebe zhennan* S. Lee

【别名】桢楠。

【识别特征】常绿大乔木，高达 30 m。树干通直，小枝通常较细，有棱或近于圆柱形，被灰黄色或灰褐色长柔毛或短柔毛。叶革质，椭圆形，上面有光泽，下面被短柔毛。聚伞状圆锥花序腋生；核果椭圆形或椭圆状卵圆形，成熟时黑色。花期 4—5 月，果期 9—10 月。

楠木

图 5.63　楠木

【分布】产于贵州东北部、西部及四川盆地西部,多见于海拔 1 000 m 以下之阔叶林中。

【习性】中性偏阴性树种,在土层深厚、肥沃、排水良好的中性、微酸性冲积土或是壤质土上生长最好;扎根深,寿命长。

【繁殖】播种繁殖。

【观赏与应用】树干高大端直,树冠雄伟,宜作庭荫树及风景树用。叶密荫浓,易造成幽静深邃的森林气氛,故宜在大型园林内丛植或林植。

14) 虎耳草科 Saxifragaceae

本科约含 17 亚科,80 属,1 200 余种,分布极广,几遍全球,主产温带。我国有 7 亚科,28 属,约 500 种,南北均产,主产西南。

(1) 溲疏属 *Deutzia* Thunb.

本属约 60 多种,分布于温带东亚、墨西哥及中美。我国有 53 种(其中 2 种为引种或已归化种)1 亚种 19 变种,各省区都有分布,但以西南部最多。

异色溲疏 *Deutzia discolor* Hemsl.

【别名】白花溲疏。

【识别特征】落叶灌木,高达 3 m。树皮片状剥落,小枝中空。叶对生,椭圆状披针形或长圆状披针形,边缘有小齿,两面均有星状毛,粗糙。花白色或带粉红色斑点。蒴果近球形。花期 6—7 月,果期 8—10 月。

图 5.64　异色溲疏

【分布】原产于长江流域各省,朝鲜也产。多见于山谷、道路岩缝及丘陵低山灌丛中。

【习性】喜光、稍耐阴。喜温暖湿润气候,但耐寒。耐旱,对土壤的要求不严,以富含有机质、排水良好的土壤为宜。性强健,萌芽力强,耐修剪。

【繁殖】扦插、播种、压条或分株繁殖均可。

【观赏与应用】茎丛生,枝轻盈。初夏白花繁密而素雅,宜丛植、群植于草地、山坡、林缘、建筑旁、庭院一角,也可列植作花篱或作岩石园配置材料;花枝可供瓶插观赏。

(2) 山梅花属 *Philadelphus* L.

本属约 70 多种,产于北温带,尤以东亚较多,欧洲仅 1 种,北美洲延至墨西哥。我国有 22 种 17 变种,几全国均产,但主产西南部各省区。

太平花 *Philadelphus pekinensis* Rupr.

【别名】京山梅花。

【识别特征】落叶灌木,高达 2 m。分枝较多;树皮栗褐色,薄片状剥落。叶卵形或阔椭圆形。总状花序;花冠盘状;花瓣乳白色,倒卵形,有清香。蒴果近球形或倒圆锥形,宿存萼裂片近顶生;种子具短尾。花期5—7月,果期8—10月。

图5.65   太平花

【分布】产于中国北部及西部,北京山地也有野生,朝鲜也有分布。

【习性】喜光,稍耐阴,较耐寒,耐干旱,怕水湿。喜肥沃、排水良好的砂质土。萌蘖力强,耐修剪。

【繁殖】播种、分株、压条、扦插繁殖。

【观赏与应用】枝叶稠密,花乳白清香,花期较长,宜丛植于林缘、园路拐角和建筑物前,也可作自然式花篱或大型花坛之中心栽植材料。在古典园林中于假山石旁点缀,尤为得体。

（3）绣球属 *Hydrangea* L.

本属约有73种,分布于亚洲东部至东南部、北美洲东南部至中美洲和南美洲西部。我国有46种10变种,全国各地均有分布,尤以西南部至东南部种类最多。

绣球 *Hydrangea macrophylla*（Thunb.）Ser.

【别名】草绣球、八仙花、粉团花。

绣球

【识别特征】落叶灌木,高1～4 m。茎常于基部发出多数放射枝而形成圆形灌丛;枝圆柱形。叶纸质或近革质,倒卵形或阔椭圆形,边缘基部以上具粗齿。伞房状聚伞花序近球形,花密集,多数不育;萼片4,粉红色、淡蓝色或白色。蒴果长陀螺状。花期6—8月。

图5.66   绣球

【分布】山东、江苏、安徽、重庆、四川、贵州、云南等地。

【习性】喜温暖、湿润和半阴环境。怕旱又怕涝,不耐寒。喜腐殖质丰富、排水良好的壤土。性强健,萌蘖能力强,少病虫害。

【繁殖】扦插、分株、压条和嫁接繁殖。

【观赏与应用】花序颜色红、蓝、白参差,状如绣球,是一种优良观赏花卉。园林中常植于疏林树下、游路边缘、建筑物入口处,或丛植几株于草坪一角,或散植于常绿树之前都很美观。

15）海桐花科 Pittosporaceae

本科9属约360种，分布于旧大陆热带和亚热带，我国只有1属，44种。

海桐花属 Pittosporum Banks

约300种，广布于大洋洲，西南太平洋各岛屿，东南亚及亚洲东部的亚热带。中国有44种8变种。

海桐 Pittosporum tobira (Thunb.) Ait.

【别名】海桐花、山矾。

【识别特征】常绿小乔木或灌木，高达6 m。叶多数聚生枝顶，革质，狭倒卵形，全缘，顶端钝圆或内凹，簇生于枝顶呈假轮生状，全缘，干后反卷。伞形花序或伞房状伞形花序顶生，花白色或带黄绿色，有芳香。蒴果近球形，有棱角；种子多数，鲜红色。花期5月，果熟期10月。

图5.67　海桐

【分布】产于我国江苏南部、山东、浙江、福建、重庆、四川、台湾、广东等地；朝鲜、日本也有分布。长江流域及其以南各地庭园习见栽培观赏。

【习性】对气候的适应性较强，能耐寒冷，也颇耐暑热，较耐荫蔽，也颇耐烈日。喜肥沃湿润土壤，干旱贫瘠地生长不良。萌芽力强，颇耐修剪，对SO_2、Cl_2、HF和烟尘有较强抗性。

【繁殖】播种或扦插繁殖。

【观赏与应用】株形紧凑丰满，四季常青，花味芳香，种子红艳，为著名的观叶、观果植物。适于盆栽布置展厅、会场、主席台等处；也宜地植于花坛四周、花径两侧、建筑物基础或作园林中的绿篱、绿带。抗SO_2等有害气体的能力强，又为环保树种，尤宜于工矿区种植。

16）金缕梅科 Hamamelidaceae

本科约27属140种，分布于东亚、南亚、东南亚等地。我国17属75种16变种。

（1）檵木属 Loropetalum R. Brown

4种及1变种，分布于亚洲东部的亚热带地区。我国有3种及1变种，另1种在印度。

红花檵木 Loropetalum chinense var. rubrum Yieh

【别名】香雪、锯木条。

【识别特征】常绿灌木，有时为小乔木，高可达5 m。多分枝，小枝有星毛。叶革质，卵形，先端尖锐，基部偏斜而圆，全缘，下面密生星状柔毛。花3～8朵簇生，有短花梗，比新叶先开放，或与嫩叶同时开放；花瓣4片，带状，红色。蒴果卵圆形；种子长卵形。花期3—4月，果期8月。

【分布】产于苏州、无锡、宜兴、溧阳、句容等地，分布在华东、华南、西南各省区。

【习性】喜温暖向阳，稍耐阴，较耐寒、耐旱，不耐瘠薄，宜排水良好、肥沃的酸性土壤，耐修剪。

【繁殖】播种、扦插、嫁接繁殖。

图 5.68　红花檵木

【观赏与应用】树形美观,枝繁叶茂,花如覆雪。宜丛植草坪、林缘、园路转角或与山石相间,也可作风景林下木,和杜鹃等花灌木成片成丛配置或植花篱。耐修剪蟠扎,是制作树桩盆景的好材料。

（2）蚊母树属 *Distylium* Sieb. et Zucc.

本属有 18 种,中国有 12 种 3 个变种;此外,日本 2 种,其中 1 种同时见于中国,马来西亚及印度各 1 种,中美洲有 3 种。

杨梅叶蚊母树 *Distylium myricoides* Hemsl.

【识别特征】常绿灌木或小乔木。嫩枝有鳞垢,老枝无毛,有皮孔,干后灰褐色。叶厚革质,椭圆形或倒卵形,先端锐尖,基部楔形,上面绿色,干后暗晦无光泽,下面秃净无毛,全缘,叶边缘和叶面常有虫瘿。总状花序腋生。蒴果卵圆形,密生黄褐色星状毛;种子长 6 ~ 7 毫米,褐色,有光泽。花期 3—4 月,果期 8—10 月。

图 5.69　杨梅叶蚊母树

【分布】四川、重庆、浙江、福建、江西、广东、广西、湖南等省市区。

【习性】喜光,稍耐阴,喜温暖湿润气候,耐寒性不强,对土壤要求不严,酸性、中性土壤均能适应,而以排水良好而肥沃、湿润土壤为最好。萌芽、发枝力强,耐修剪。对烟尘及多种有毒气体抗性很强,能适应城市环境。

【繁殖】播种和扦插繁殖。

【观赏与应用】枝叶密集,树形整齐,叶色浓绿经冬不凋,春日开细小红花也颇美丽,加之抗性强、防尘及隔声效果好,是城市及工矿区绿化及观赏树种。其若修剪成球形,宜植于门旁或作基础种植材料,也可栽作绿篱和防护林带。

17）杜仲科 Eucommiaceae

本科仅 1 属 1 种,即杜仲。

杜仲属 *Eucommia* Oliver

杜仲 *Eucommia ulmoides* Oliver

【识别特征】落叶乔木,高可达 20 m,萌蘖能力极强,为中国特有树种。小枝淡褐色或黄褐色,有皮孔。叶互生,椭圆形或椭圆状卵形,先端渐尖,基部圆形或宽楔形,叶脉明显、边缘有锯齿。

花单性,多生于小枝基部,雌雄异株,无花被,先叶开放或与叶同时开放。翅果狭椭圆形,扁平,长约3.5 cm,先端下凹。种子1枚。花期4—5月,果期9—10月。

　　杜仲的树皮、树叶以及果等折断、撕裂后有密集的白色胶状丝线。

图5.70　杜仲

【分布】原产于黄河以南,现西南、西北、华南、华中、华东等地有栽培。

【习性】适应性强,较耐寒,对土壤要求不严,尤喜温暖湿润气候及深厚、肥沃而排水良好的土壤。

【繁殖】播种、扦插、压条及分蘖繁殖。

【观赏与应用】杜仲树体高大,萌蘖能力强,是我国特有树种,药用、经济价值高。园林中可用做风景林、行道树、庭荫树、园景树等。

18)悬铃木科 Platanaceae

悬铃木属 *Platanus* L.

　　悬铃木主要分布于北美、东欧及亚洲西部等地区。中国引种3种,即一球悬铃木、二球悬铃木、三球悬铃木,其中尤以二球悬铃木最为常见,国内各地广泛栽培应用。园林建设中常将一球悬铃木、二球悬铃木、三球悬铃木统称悬铃木,但其形态特征有所不同:

①一球悬铃木 *Platanus occidentalis* L.

【识别特征】一球悬铃木又称美国梧桐,落叶大乔木,高可超过40 m;树皮有浅沟,呈小块状剥落;幼枝被有褐色绒毛。叶较大、阔卵形,宽10~20 cm,长度比宽度略小,多呈3浅裂,稀5浅裂,裂片短三角形,边缘有数个粗大锯齿;叶柄长4~7 cm,密被绒毛。花单性,聚成圆球形头状花序,径约3 cm,单生为主,少数有2~3个。花期5月,果期9—10月。

图5.71　一球悬铃木

②二球悬铃木 *Platanus acerifolia* Willd.

【识别特征】二球悬铃木又称英国梧桐,落叶大乔木,高达30 m,树皮较光滑,多大片块状脱落。叶阔卵形,多掌状5裂,偶有3裂或7裂,裂片全缘或有1~2个粗大锯齿;头状果每串2个为主,稀1个或3个,常下垂。

图 5.72　二球悬铃木

③三球悬铃木 *Platanus orientalis* L.

【识别特征】三球悬铃木又称法国梧桐，落叶大乔木，高达 30 m，树皮薄片状脱落；嫩枝被黄褐色绒毛，老枝秃净，有细小皮孔。叶深裂，掌状 5～7 裂，中央裂片长度大于宽度，头状果序径 2～2.5 cm，每串果序多具果 3～5 个，稀为 2 个。

图 5.73　三球悬铃木

【习性】悬铃木类植物喜湿润温暖气候，较耐寒、较喜光，适生于微酸性或中性、排水良好、土层深厚肥沃的土壤，微碱性土壤虽能生长，但易发生黄化。抗空气污染能力较强，叶具较强吸收有毒气体和滞积尘埃的作用。

【繁殖】播种、扦插繁殖为主，也可嫁接繁殖等。

【观赏与应用】悬铃木冠大荫浓、生命力强、耐粗放管理，秋季落叶前叶色变褐，蔚为壮观美丽，可用作行道树、园景树、风景林等，素有"行道树之王"之称。

19）蔷薇科 Rosaceae

蔷薇科植物种类、品种繁多，有 125 属 3 300 余种，广布于世界各地。我国现有 51 属 1 000 余种，全国各地均有分布。

（1）绣线菊属 *Spiraea* L.

本属约有 100 余种，分布在北半球温带至亚热带山区，我国有 50 余种。

粉花绣线菊 *Spiraea japonica* L. f.

【别名】日本绣线菊。

【识别特征】直立灌木，高可达 1.5 m；枝细长、开展，小枝光滑或幼时有细毛。单叶互生，卵状披针形至披针形，边缘具缺刻状重锯齿，叶面有皱纹并散生细毛，背略带白粉。花期 5 月，复伞房花序，生于当年生枝端，花粉红色。果期 8 月，菁葖果，卵状椭圆形。

图5.74　粉花绣线菊

【分布】原产于日本、朝鲜等地,现我国南北各地均有栽培观赏。

【习性】喜光,耐半阴,耐寒性较强、耐瘠薄。

【繁殖】分株、扦插或播种繁殖。

【观赏与应用】夏季繁花朵朵,颜色娇艳,可配置花坛、花境、草坪及园路角隅等处。

(2)**珍珠梅属** *Sorbaria* (Ser.) A. Br. ex Aschers.

本属约有9种,分布于亚洲。中国约有4种,产东北、华北至西南各省区,少数种类已广泛栽培。

珍珠梅 *Sorbaria sorbifolia* (L.) A. Br.

【别名】华北珍珠梅。

【识别特征】落叶灌木,高达2 m,枝条开展;小枝圆柱形,稍屈曲,无毛或微被短柔毛,初时绿色,老时暗红褐色或暗黄褐色;奇数羽状复叶,小叶片13～21枚,连叶柄长21～25 cm;小叶对生,披针形至卵状披针形,长5～7 cm,先端渐尖,稀尾尖,基部近圆形或宽楔形,稀偏斜,边缘有尖锐重锯齿,上下两面无毛或近于无毛。顶生大型密集圆锥花序,长10～20 cm,花小,白色,花蕾似珍珠,花期6—8月,华北可陆续开至10月。

图5.75　珍珠梅

【分布】适生于海拔250～1 500 m的山坡疏林中,我国华北、西北、华东等地均有分布。

【习性】耐寒,耐半阴,亦喜光,耐修剪。对土壤要求不严。生长迅速,易生萌蘖。

【繁殖】扦插、分株繁殖。

【观赏与应用】绿叶白花,清新秀丽,夏季盛花,适合配置草坪边缘、道路两侧以及房前屋后等地。

(3)**火棘属** *Pyracantha* Roem.

本属有10种,分布于亚洲东部、欧洲南部。我国有7种,主要分布于西南地区。国外现已培育出许多优良栽培品种。

火棘 *Pyracantha fortuneana* (Maxim.) Li

【别名】红军粮、救军粮、火把果。

【识别特征】常绿灌木,侧枝短,先端成刺状,嫩枝外被锈色短柔毛,老枝暗褐色,无毛;芽小,外被短柔毛。叶片倒卵形或倒卵状长圆形,长1.5～6 cm,先端圆钝或微凹,有时具短尖头,基部楔形,下延至叶柄,叶缘有圆钝锯齿,齿尖内弯;花白色,花期3—5月,成复伞房花序,径3～4 cm;果实近球形,直径约0.5 cm,橘红色或深红色,8—11月成熟。

图5.76   火棘

【分布】我国黄河以南及广大西南地区,尤其适生于海拔500～2 800 m的山地灌丛中或溪边。

【习性】喜强光,也稍耐阴。耐贫瘠、抗干旱、不甚耐寒,喜空气湿润,对土壤要求不严。

【繁殖】播种、扦插繁殖。

【观赏与应用】夏季白花繁密,入秋红果累累,尤适用作绿篱,也可丛植、孤植草地边缘、园路转角处等。

(4)山楂属 *Crataegus* L.

本属约有植物1 000种,广泛分布于北半球,主产北美。我国约17种。

山楂 *Crataegus pinnatifida* Bge.

【别名】山里果,山里红。

【识别特征】落叶小乔木,高达6 m,树皮粗糙。枝刺1～2 cm,或无刺;小枝圆柱形,当年生枝紫褐色,无毛或近于无毛,疏生皮孔,老枝灰褐色;叶片宽卵形或三角状卵形,稀菱状卵形,长5～10 cm,先端短渐尖,基部截形至宽楔形,通常两侧各有3～5羽状深裂片,边缘有尖锐稀疏不规则重锯齿,叶柄细,长2～6 cm,托叶大而有齿。花白色,伞房花序,总花梗和花梗均被柔毛,后渐脱落。果近球形或梨形,径1～1.5 cm,深红色,有白色皮孔;小核3～5,外面稍具棱。花期5—6月,果期9—10月。

图5.77   山楂

【分布】原产于我国东北等地,现东北、华北、西北、华东等地有栽培。

【习性】稍耐阴、耐寒、耐干燥、耐贫瘠,在低洼和碱性地区生长不良。根系发达,萌蘖性强,生长旺盛。

【繁殖】采取播种、分株等法进行繁殖。

【观赏与应用】山楂生长速度快,适应能力强,树冠整齐,枝叶繁茂,栽培管理简单,病虫害少,花果鲜美可爱,有较高经济价值。园林中适作庭荫树、孤植树栽植,也可作绿篱。

（5）**枇杷属** *Eriobotrya* Lindl.

本属约 30 种，分布于亚洲温带及亚热带，我国有 13 种。

枇杷 *Eriobotrya japonica*（Thunb.）Lindl.

【别名】芦橘、金丸、芦枝。

【识别特征】常绿小乔木，高可达 10 m；小枝粗壮，黄褐色，密生锈色或灰棕色绒毛。叶革质，披针形、倒披针形、倒卵形或长圆形，长 12～30 cm，宽 3～9 cm，先端急尖或渐尖，基部楔形或渐狭成叶柄，上部边缘有疏锯齿，基部全缘，上面光亮，多皱，下面密生灰棕色绒毛；叶柄短或几无柄，有灰棕色绒毛；花白色，圆锥花序顶生，花梗、苞片均密生锈色绒毛；果实球形或长圆形，黄色或橘黄色，外有锈色柔毛，后脱落；种子 1～5 cm，球形或扁球形，直径 1～1.5 cm，褐色，光亮，种皮纸质。花期 10—12 月，果期 5—6 月。

图 5.78　枇杷

【分布】现国内各地广泛栽培，是深受民众喜爱的经济果木之一。

【习性】喜光，稍耐阴，喜温暖湿润气候和肥沃而排水良好的土壤，稍耐寒，不耐严寒，生长缓慢，寿命较长。

【繁殖】播种、嫁接繁殖。

【观赏与应用】树形整齐美观，常绿且叶大荫浓有光泽，冬季开花，夏季果熟，可结合经济生产，孤植、林植均可。

（6）**石楠属** *Photinia* Lindl.

本属 60 余种，分布于亚洲东部及南部，我国 40 余种。

石楠 *Photinia serrulata* Lindl.

【别名】红树叶、水红树、千年红、扇骨木。

【识别特征】常绿灌木或小乔木，树高 3～12 m；枝褐灰色，全体无毛；叶革质，长椭圆形、长倒卵形或倒卵状椭圆形，长 9～22 cm，先端渐尖，基部圆形或宽楔形，边缘有细锯齿，近基部全缘，上面光亮，幼时略红，中脉显著。叶柄粗壮，长 2～4 cm，幼时有绒毛，后脱落。花白色，呈顶生复伞房花序。果球形，直径 5～6 mm，红色。花期 5～7 月，果期 10 月，种子棕色。

图 5.79　石楠

【分布】产于我国华东、中南一带,现国内各地广泛栽培。

【习性】喜光,稍耐阴,深根性,对土壤要求不严。稍耐干旱瘠薄、能耐短期低温。萌芽力强,耐修剪,对烟尘和有毒气体有一定的抗性。

【繁殖】扦插、播种繁殖。

【观赏与应用】树冠圆整,叶丛浓密,春季嫩叶鲜红耀眼,极具观赏价值。园林中可作庭荫树、地被或作绿篱应用,也可培育用作造型树。

品种:红叶石楠是石楠属杂交种的统称,全世界约有 60 种,主产于亚洲东南部、东部和北美洲的亚热带和温带地区,是当前园林绿化中深受喜爱的彩叶树种之一。

图 5.80　红叶石楠

(7)木瓜属 *Chaenomeles* Lindl.

本属约有 5 种,产亚洲东部。重要观赏植物和果品,世界各地均有栽培。

①贴梗海棠 *Chaenomeles speciosa*(Sweet) Nakai

【别名】皱皮木瓜。

【识别特征】落叶灌木,高达 2 m,枝条直立开展,有刺;小枝圆柱形,微屈曲,无毛,紫褐色或黑褐色,有疏生浅褐色皮孔;叶卵形至椭圆形,稀长椭圆形,长 3 ~ 9 cm,先端急尖,稀圆钝,基部楔形至宽楔形,边缘具有尖锐锯齿。叶柄长约 1 cm,托叶大,革质,肾形或半圆形,稀卵形,边缘有尖锐重锯齿。先花后叶或花叶同放,常 3 ~ 5 朵簇生于二年生老枝上;花梗短粗,长约 3 mm 或近于无柄;花径 3 ~ 5 cm,萼筒钟状,花瓣倒卵形或近圆形,基部延伸成短爪,长 10 ~ 15 mm,猩红色,稀淡红色或白色;果球形或卵球形,直径 4 ~ 6 cm,黄色或黄绿色,味芳香,果梗短或近于无梗。花期 3—5 月,果期 9—10 月。

图 5.81　贴梗海棠

【分布】产于我国西北、西南、华南、华东等地,现各地广泛栽培。

【习性】喜光,也耐半阴。耐寒、耐旱、耐瘠薄土地,忌低洼和盐碱地。

【繁殖】扦插、分株、压条及播种繁殖均可。

【观赏与应用】贴梗海棠在早春先花后叶,花朵簇生枝间,色彩浓艳,尤其重瓣品种更为夺目。园林中可在公园、庭院、校园、广场以及道路两侧等地配置。

②**毛叶木瓜** *Chaenomeles cathayensis* Schneid.

【别名】木瓜海棠。

【识别特征】落叶灌木或小乔木,高2～7 m,枝直立,具短枝刺;叶椭圆形、披针形或倒卵状披针形,长5～11 cm,先端急尖,基部楔形,边缘具芒状细锯齿,表面无毛、深绿有光泽,背面幼时密被褐色绒毛,后脱落;花2～3朵簇生于2年生枝条上,淡红或近白色,先叶开放。梨果长椭圆形或卵球形,长8～12 cm,直径6～7 cm,黄色有红晕,芳香。花期3—5月,果期9—10月。

图5.82　木瓜海棠

【分布】原产于我国西北、西南、华中等地,现各地广泛栽培。

【习性】适生于山坡、林边、道旁等地。野生常见于海拔为900～2 500 m地带。喜温暖,有一定的耐寒性,要求土壤排水良好,不耐湿和盐碱。

【繁殖】扦插、压条、播种育苗繁殖均可。

【观赏与应用】木瓜海棠有较高的观赏价值,适合各型园林绿地中配置,孤植、丛植均可。同贴梗海棠一样,也非常适合制作各种造型盆景。

(8)苹果属 *Malus* Mill.

本属约35种,广泛分布于北温带,亚洲、欧洲和北美洲均产。我国有20余种产西南、西北、经中部至东北,多数为重要的果树及砧木或观赏树种。

①**垂丝海棠** *Malus halliana* Koehne

【识别特征】落叶小乔木,高可达5 m,树冠疏散,枝开展。小枝细弱,微弯曲,圆柱形,最初有毛,不久脱落,紫色或紫褐色。叶卵形或椭圆形至长椭卵形,长3.5～8 cm,先端长渐尖,基部楔形至近圆形,锯齿细钝或近全缘,质较厚实,表面有光泽。叶柄长5～25 mm,幼时被稀疏柔毛,老时近于无毛；伞房花序，具花 4~6 朵，花梗细弱，长 2~4 cm，下垂，有稀疏柔毛，紫色；花瓣倒卵形，长约 1.5 cm，基部有短爪，粉红色。果梨形或倒卵形，直径 6~8 mm，略带紫色，果梗长 2~5 cm。花期 3—4 月，果期 9—10 月。

图 5.83　垂丝海棠

【分布】产于我国江苏、浙江、安徽、陕西、四川、重庆、云南等地，现国内各地广泛栽培。

【习性】喜阳光，不耐阴，也不甚耐寒，喜温暖湿润环境，适生于阳光充足、背风之处、不耐水涝，忌积水。

【繁殖】扦插、分株和压条繁殖。

【观赏与应用】垂丝海棠种类繁多，树形多样，叶茂花繁，丰盈娇艳，可门庭两侧对植，或在亭台周围、丛林边缘、水滨布置，或列植、丛植于公园游步道旁等。

②**西府海棠** *Malus × micromalus* Makino

【别名】海红、子母海棠、小果海棠。

【识别特征】落叶小乔木，高达 2.5~5 m。树枝直立性强；小枝细弱圆柱形，紫红色或暗褐色，具稀疏皮孔。叶片长椭圆形或椭圆形，边缘锯齿稍锐。伞形总状花序；苞片膜质，线状披针形；花瓣近圆形或长椭圆形，基部有短爪，粉红色。果实近球形，红色。花期 4—5 月，果期 8—9 月。

图 5.84　西府海棠

【分布】产辽宁、河北、山西、山东、陕西、甘肃、云南。海拔 100~2 400 m。

【习性】性喜光、耐寒、耐干旱，但怕潮湿，对土壤要求不严格。栽培西府海棠，应选择肥沃、疏松、排水良好的沙质土壤。

【繁殖】分株、嫁接、埋根、播种。

【观赏与应用】花色艳丽，具有很高的观赏价值，为常见栽培的果树及观赏树，因此常用于庭院门旁或亭、廊两侧种植。

（9）梨属 *Pyrus* L.

本属约 25 种，分布于亚洲、欧洲及北非，多数种类为重要果树。我国 14 种。

沙梨 *Pyrus pyrifolia*（Burm. F.）Nakai

【别名】糖梨。

【识别特征】落叶乔木，高 7～15 m，有时具枝刺；小枝褐色，光滑，二年生枝紫褐色或暗褐色，具稀疏皮孔；叶卵状椭圆形或卵形，长 7～12 cm，先端长渐尖，基部圆形或近心形，边缘有芒锯齿。叶柄细长。花白色，伞形总状花序，具花 6～9 朵；果近球形，浅褐色，有浅色斑点，果肉脆；种子卵形，微扁，深褐色。花期 3—4 月，果期 8—9 月。

图 5.85　沙梨

【分布】主产于我国长江流域，适宜生长在温暖而多雨、海拔 100～1 400 m 的地区。华南、西南也有分布。现我国南方各地广泛栽培。

【习性】喜光、喜温暖湿润的气候，耐旱，也耐水湿，耐寒力略差。喜肥沃湿润的酸性土壤或钙质土壤。

【繁殖】播种、扦插和嫁接繁殖。

【观赏与应用】经济价值较高，园林中可作为观花树种，尤适片植成林。

（10）棣棠花属 *Kerria* DC.

本属仅有 1 种，产于中国和日本。欧美各地引种栽培。

棣棠花 *Kerria japonica*（L.）DC.

【别名】棣棠、地棠、鸡蛋黄花、土黄条、蜂棠花、金棣棠梅等。

【识别特征】落叶灌木，高 1～2 m，少数可 3 m；小枝细长绿色，圆柱形，无毛，常拱垂，嫩枝有棱角。单叶互生，三角状卵形或卵圆形，长 4～8 cm，顶端长渐尖，基部圆形、截形，边缘有尖锐重锯齿，两面绿色，上面无毛或有稀疏柔毛，下面沿脉或脉腋有柔毛；叶柄长 5～10 mm，无毛，托叶早落。花黄色，单生于当年生侧枝顶端，梗无毛；瘦果倒卵形至半球形，褐色或黑褐色，表面无毛，有皱褶。花期 4—6 月，果期 6—8 月。

图5.86　棣棠花

【分布】我国南方城市习见栽培。

【习性】喜温暖湿润和半阴环境,不耐严寒。对土壤要求不严,以肥沃、疏松的沙壤土生长最好。

【繁殖】分株、扦插和播种法繁殖等为主。

【观赏与应用】棣棠花枝叶翠绿细柔,黄花满树,极具观赏价值。园林中可栽棣棠花于墙隅、花篱、花径等处。

(11)蔷薇属 *Rosa* L.

本属约200种,广泛分布于亚洲、欧洲、北非、北美洲各地。我国约有82种。

①玫瑰 *Rosa rugosa* Thumb

【别名】徘徊花、刺玫花、赤蔷薇花。

【识别特征】直立灌木,丛生,落叶性,高可达2 m;茎粗壮,小枝密被绒毛,有直立或弯曲的皮刺,皮刺外被绒毛;小叶5～9枚,椭圆形或椭圆状倒卵形,长1.5～4.5 cm,先端急尖或圆钝,基部圆形或宽楔形,边缘有尖锐锯齿,上面深绿色,无毛、叶脉下陷、有褶皱,下面灰绿色,中脉突起,网脉明显,密被绒毛;花单生于叶腋,或数朵簇生,花径4～5.5 cm,重瓣至半重瓣,芳香,紫红色至白色;果扁球形,直径2～2.5 cm,砖红色,肉质,平滑,萼片宿存。花期5—6月,果期8—9月。

图5.87　玫瑰

【分布】原产我国华北地区,现国内广泛栽培。日本、朝鲜等地也有栽培。

【习性】喜阳光充足,耐寒力强,耐干旱,不耐涝,喜排水良好、疏松肥沃的壤土或轻壤土,在黏壤土中生长不良,开花不佳。萌蘖能力强,生长迅速。

【繁殖】繁殖较为简单,可采用播种、扦插、嫁接及压条等法繁殖。

【观赏与应用】玫瑰花大色艳,味芳香,是城市绿化的理想花木,适用于花篱、花坛、花境及做地被栽植,也可修剪造型,点缀广场草地、堤岸、花池等。

【变种或变型】玫瑰栽培品种很多,常见栽培有白花单瓣玫瑰[f. *alba*(Ware)Rehd.]、紫花重瓣玫瑰［f. *plena*（Regel）Byhouwer］、白花重瓣玫瑰［f. *albo-plena* Rehd.］、粉红单瓣玫瑰［f. *rosea* Rehd.］、紫花单瓣玫瑰［f. *typica*（Regel）Byhouwer］等。

②**月季** *Rosa chinensis* Jacq.

【别名】月月红、月月花、四季花。

【识别特征】直立灌木，高1～2 m；小枝粗壮，圆柱形，近无毛，有短粗的钩状皮刺。小叶宽卵形至卵状长圆形，小叶3～5枚，稀7，长2.5～6 cm，先端长渐尖或渐尖，基部近圆形或宽楔形，边缘有锐锯齿，两面近无毛，上面暗绿色，常带光泽，下面颜色较浅，顶生小叶片有柄，侧生小叶片近无柄，总叶柄较长；花数朵集生，稀单生，直径4～5 cm，重瓣至半重瓣，红色、粉红色至白色皆有，花梗长2.5～6 cm，近无毛或有腺毛。果卵球形或梨形，长1～2 cm，红色，无毛，萼片脱落。花期4—9月，果期6—11月。

香水月季

黄刺玫

缫丝花

图5.88　月季

【分布】原产湖北、四川、湖南、云南等地，现各地普遍栽培。

【习性】喜温暖、日照充足、空气流通的环境。对气候、土壤要求虽不严格，但以疏松、肥沃、富含有机质、微酸性、排水良好的壤土较为适宜。蕾期忌强光照射，夏季高温不利于月季开花。

【繁殖】扦插、嫁接法繁殖为主。

【观赏与应用】月季花朵艳丽、色彩丰富，香艳可爱，且其花期长，养护管理简单，观赏价值高，可用于园林布置花坛、花境、点缀草坪、配置于园路角隅、庭院、假山等处。

（12）**李属** *Prunus* L.

　　本属约有30余种，主要分布北半球温带。现已广泛栽培，品种很多。

红叶李 *Prunus cerasifera* Ehrhar. f. *atropurpurea*（Jacq.）Rehd.

【别名】紫叶李、樱桃李。

【识别特征】落叶灌木或小乔木，高可达8 m；分枝多，枝条细长，小枝暗红，无毛；叶紫红色，椭圆形、卵形或倒卵形，稀椭圆状披针形，长2～6 cm，先端尖，基部楔形或近圆形，边缘有圆钝锯齿，有时混有重锯齿；花1朵，稀2朵，花径2～2.5 cm，略带粉红色。核果近球形或椭圆形，直径1～3 cm，暗酒红色，微被蜡粉。花期3—4月，果期8—9月。

图5.89　红叶李

【分布】原种产于我国新疆地区。中亚、伊朗、巴尔干半岛等区域也有分布。

【习性】喜阳光、温暖湿润的气候,有一定的耐寒能力。

【繁殖】以扦插、嫁接繁殖为主,也可压条、播种繁殖。

【观赏与应用】叶色紫红,是现代园林中极为常见的彩叶树种之一。园林中适宜植于建筑物前、园路两旁或草坪角隅等处,可丛植、群植或列植。

(13)桃属 *Amygdalus* L.

　　全世界有40多种,分布于亚洲中部至地中海地区。我国有12种。

桃 *Amygdalus persica* L.

【识别特征】小乔木、落叶性,通常高3~8 m,树冠宽广而平展;树皮暗红褐色,老时粗糙呈鳞片状;小枝细长,无毛,有光泽,绿色,向阳处转变成红色,具大量小皮孔;叶长圆披针形、椭圆披针形或倒卵状披针形,长7~15 cm,先端渐尖,基部宽楔形,上面无毛,下面在脉腋间具少数短柔毛或无毛,叶边具细锯齿或粗锯齿,叶柄粗壮,长1~2 cm;花粉红、白等色,单生,花梗极短,先叶开放;果卵形、宽椭圆形或扁圆形等,果肉白色、浅绿白色、黄色、橙黄色或红色,多汁有香味,甜或酸甜;核大,椭圆形或近圆形,两侧扁平,顶端渐尖,表面具纵、横沟纹和孔穴。花期3—4月,6—9月果实成熟。

图5.90　桃

【分布】原产于中国,现世界各地均有栽培。

【习性】阳性树种,根系较浅,寿命较短。喜夏季高温,耐寒性较强,耐旱、不耐积水。喜肥沃而排水良好的砂质土。

【繁殖】嫁接、扦插、播种繁殖。

【观赏与应用】桃种类及品种多,花朵艳丽,妩媚可爱,观赏价值很高,故除用于果树生产外,各地园林中也广泛应用,孤植、丛植、群植、列植均可。此外,桃还可以用于制作盆景。

(14)杏属 *Armeniaca* Mill.

　　本属约8种。分布于东亚、中亚、小亚细亚和高加索。我国有7种。

①梅 *Armeniaca mume* Sieb.

【别名】梅花。

【识别特征】小乔木,稀灌木,高4~10 m,落叶;树皮浅灰色或褐紫色,平滑;小枝绿色,光滑无

毛。叶卵形或椭圆形,长4~8 cm,先端尾尖,基部宽楔形至圆形,叶缘有小锐锯齿;花白色至粉红色均有,单生或2朵同生于1芽内,香味浓,先叶开放,梗短,常无毛;果实近球形,直径2~3 cm,黄色或绿白色,被柔毛,味酸;果肉与核粘连,核椭圆形,顶端圆形而有小突尖头,基部渐狭成楔形,两侧微扁,表面具蜂窝状孔穴。梅冬春季开花,果实5—6月成熟。

图5.91　梅

【分布】原产于我国西南地区,现全国各地均有栽培,尤以长江流域以南各省最多。经过园林工作者的努力,已培育出部分抗寒品种,可在东北地区正常生长。日本和朝鲜也有。

【习性】寿命长,较喜阳光充足、温暖湿润且通风良好的环境,有一定的耐寒性。对土壤要求不严,耐干旱、瘠薄土地,但以表土疏松、底土稍黏而排水良好的地方种植为好,尤忌积水。

【繁殖】以扦插繁殖、嫁接繁殖为主,也可压条繁殖。

【观赏与应用】梅的种类及品种繁多,于色、香、姿、韵等方面有独特之美,素有"花中之魁""天下尤物"之称。园林中最宜植于庭院、草坪、缓坡等地,既可孤植、丛植,也可群植、林植等。

②山杏 *Armeniaca sibirica*（L.）Lam.

【别名】西伯利亚杏、西伯日-归勒斯。

【识别特征】落叶灌木或小乔木,高2~5 m。树皮暗灰色;小枝无毛,稀幼时疏生短柔毛,灰褐色或淡红褐色。叶片卵形或近圆形,有细钝锯齿,两面无毛。花单生,先于叶开放;花瓣近圆形或倒卵形,白色或粉红色。果实扁球形,黄色或桔红色,被短柔毛;核扁球形。花期3—4月,果期6—7月。

图5.92　山杏

【分布】国内分布于黑龙江、吉林、辽宁、内蒙古、甘肃、河北、山西等地。

【习性】山杏适应性强,喜光,根系发达,有较强的耐寒、耐旱、耐瘠薄能力,对土壤要求不严。

【繁殖】播种或嫁接繁殖。

【观赏与应用】山杏早春开花,是常见的园林观花植物,孤植、群植都可,也可绿化荒山、保持水土。

（15）樱属 *Cerasus* Mill.

本属有百余种,分布北半球温和地带。我国主要分布西部和西南部。

①**樱桃** *Cerasus pseudocerasus*（Lindl.）G. Don

【别名】英桃、朱樱、荆桃。

【识别特征】落叶小乔木或灌木，高 2～6 m，小枝灰褐色，嫩枝绿色，无毛或被疏柔毛；叶卵形或长圆状卵形，长 5～12 cm，先端渐尖，基部圆形，叶缘具尖锐重锯齿，叶柄长 0.7～1.5 cm，被疏柔毛；花白色，每个花序有花 3～6 朵，多构成伞房状或近伞形，先叶开放；核果近球形，红色，直径 0.9～1.3 cm，，红色。花期 3—4 月，果期 5—6 月。

山樱花

图 5.93　樱桃

【分布】我国辽宁、河北、陕西、甘肃、山东、河南、江苏、浙江、江西、云南、贵州、四川、重庆等地。日本、朝鲜也有。

【习性】喜光、不耐荫蔽，抗寒耐旱，喜疏松肥沃、腐殖质含量高的砂质土。

【繁殖】嫁接、分株繁殖。

【观赏与应用】樱桃既可赏叶也可观果，孤植、丛植、群植均可。

②**日本晚樱** *Cerasus serrulata*（Lindl.）G. Don ex London var. *lannesiana*（Carr.）Makino

【别名】里樱、重瓣樱花。

【识别特征】乔木，落叶性，树高可达 10 m，小枝粗壮，无毛；叶常为倒卵形，长 5～15 cm，先端渐尖，呈长尾状，缘有重锯齿，叶柄长 1.5～2 cm。新叶无毛，略带红褐色。伞房花序，有花 1～5 朵，花朵大而芳香、美丽，单瓣重瓣皆有，粉红或近红色，常下垂；核果卵形，熟时黑色，有光泽。花期 3—5 月。

东京樱花

图 5.94　日本晚樱

【分布】原产日本，现在我国南京、合肥、杭州、成都、重庆等地广泛栽培。

【习性】浅根性喜阳树种，稍耐寒，于深厚肥沃而排水良好的土壤中生长较好。

【繁殖】以嫁接繁殖为主，也可播种育苗。

【观赏与应用】日本晚樱花型丰富且花大色艳、姿态各异，可用作行道树、花木及盆栽观赏等。

20）**豆科 Leguminosae**

　　本科约 550 属，近 18 000 种，广布于全世界。我国约有 120 属 1 200 种，各省市区均有分布。

（1）合欢属 *Albizia* Durazz.

　　本属约150种，广泛分布于热带、亚热带地区，少数种类分布至温带。我国约有15种，引入2种。

①**合欢** *Albizia julibrissin* Durazz.

【别名】马缨花、绒花树、夜合。

【识别特征】落叶乔木，高可达16 m，树冠扁圆形，常呈伞形。树皮灰褐色，二回羽状复叶，羽片4～12对，各有小叶10～30对，小叶菜刀形，长6～12 mm，宽1～4 mm，叶缘及下面中脉被柔毛。头状花序排成伞房状，顶生或腋生；花萼绿色，花冠粉红色，花丝细长，超出花冠，呈绒缨状；荚果带状，长9～15 cm，宽1.5～2.5 cm，基部有短柄。嫩荚有柔毛，老荚无毛。花期6—7月；果期8—10月。

图5.95　合欢

【分布】产于中国黄河流域及以南各地。分布于华东、华南、西南以及东北、西北等省区。

【习性】生长迅速，喜温暖湿润和阳光充足的环境，对气候和土壤适应性强，宜在排水良好、肥沃土壤生长，较耐瘠薄土地和干旱气候，不耐水涝和低温严寒，对 SO_2、HCl 等有害气体有较强的抗性。

【繁殖】以播种繁殖为主。

【观赏与应用】合欢生长迅速，枝条开展，树姿优美，叶形雅致，夏季开花时节绒花满树。园林中可用作行道树、庭荫树等，宜植于林缘、房前屋后、草坪等处，景观效果甚佳。

②**山槐** *Albizia kalkora*（Roxb.）Prain

【别名】山合欢、白夜合。

【识别特征】落叶乔木，高可达15 m，树冠开张，树皮灰褐至黑褐。二回羽状复叶，羽片2～4对，稀6对，小叶5～14对，稀16对。小叶长圆形，长1.5～4.5 cm，中脉偏斜，幼时两面密生短柔毛。头状花序，2～3个生于上部叶腋或多个排成顶生伞房状；花黄白色或粉红色，花萼及花冠外均密被毛，花梗长1.5～3 mm。荚果带状，长7～17 cm，宽1.5～3 cm，深棕色，有种子5～14枚。花期6—7月，果期9—11月。

图 5.96　山槐

【分布】我国华北、华东、华南、西南、西北等地,喜生于溪沟边、路旁和山坡等处。

山槐的习性、观赏与应用等特点与合欢相似。

（2）金合欢属 *Acacia* Mill.

我国引入栽培的有 18 种,产西南部至东部。

金合欢 *Acacia farnesiana*（L.）Willd.

【别名】刺毬花、牛角花。

【识别特征】常绿灌木或小乔木,高 2～5 m,树皮粗糙,分枝较多,小枝常呈"之"字形弯曲,有皮孔。托叶长 1～2 cm,针刺状;二回羽状复叶,羽片 4～8 对,长 1.5～3.5 cm;小叶通常 10～20 对,狭长圆形,长 2～6 mm,宽 1～1.5 mm,无毛;头状花序,生于叶腋,球形,直径 1～1.5 cm,金黄色,有香味;荚果膨胀,近圆柱状,长 3～7 cm,直或略弯曲。花期 3—6 月,果期 7—11 月。

图 5.97　金合欢

【分布】原产于美洲热带。我国浙江、台湾、福建、广东、广西、云南、四川、重庆等地有栽培。

【习性】喜阳光以及温暖湿润的气候,较耐干旱。

【繁殖】可用播种、扦插、压条、嫁接、分株等法繁殖。

【观赏与应用】金合欢树势强健,花色金黄,香气浓郁,园林中适宜栽种于公园、庭院等地,既可用于观花灌木、绿篱等,也可用于固土护岸、水土保持及荒山绿化等。

（3）银合欢属 *Leucaena* Benth.

我国有 1 种,产台湾、福建、广东、广西和云南。

银合欢 *Leucaena leucocephala*（Lam.）de Wit

【别名】白合欢。

【识别特征】灌木或小乔木,高可达 8 m,树冠平顶状;幼枝被短柔毛,老枝无毛,皮孔褐色,无刺;二回偶数羽状复叶,互生,羽片 4～12 对,小叶 10～15 对。花白色,花瓣分离;头状花序通常 1～2 个腋生,直径 2～3 cm;荚果带状,长 10～18 cm,基部有柄,纵裂,被微柔毛;种子 6～25 枚,卵形,褐色,扁平,光亮。花期5—7月,果期8—10月。

图5.98　银合欢

【分布】原产于美洲热带,我国台湾、福建、广东、广西和云南等地均有栽培。

【习性】喜光以及温暖湿润的气候条件,稍耐阴,耐干旱瘠薄土地,岩石缝隙中也能生长,不耐积水。深根性,抗风能力强。

【繁殖】播种、扦插繁殖均可。

【观赏与应用】银合欢花洁白芳香、如雪如絮、繁花似锦,可用作绿篱、造型树及荒山绿化等。

(4)紫荆属 *Cercis* L.

本属约12种,其中2种分布于北美,1种分布于欧洲。我国7种。

紫荆 *Cercis chinensis* Bunge

【别名】满条红。

【识别特征】落叶灌木或小乔木,高2~6 m;树皮和小枝灰白色。叶纸质,近圆形或三角状圆形,长5~10 cm,先端急尖,基部心形,两面无毛,嫩叶绿色,仅叶柄略带紫色。花紫红或粉红,先叶开放,2~10朵成束,簇生于老枝和主干上,尤以主干上花束较多;荚果扁狭长形,绿色,长4~8 cm,宽1~1.5 cm,种子2~6枚,阔长圆形,长5~6 mm,宽约4 mm,黑褐色,光亮。花期3—4月;果期8—10月。

图5.99　紫荆

【分布】我国华北、华东、华南、西南等地,各地常见栽培。

【习性】暖带树种,喜光,稍耐阴,较耐寒。喜肥沃、疏松、排水良好的土壤,不耐水湿。萌芽力强,耐修剪。

【繁殖】播种、分株、扦插、压条等法繁殖。

【观赏与应用】紫荆早春先叶开花,满树繁花,艳丽可爱,可植于庭院、公园、草坪边缘、道路绿化带等处,丛植、群植均可。

【变种或变型】白花紫荆(f.*alba* P. S. Hsu),花纯白色。

(5)羊蹄甲属 *Bauhinia* L.

我国有40种,4亚种,11变种,主产南部和西南部。

洋紫荆 *Bauhinia variegata* L.

【别名】羊蹄甲。

紫羊蹄甲

【识别特征】半常绿乔木,高5~8 m;树皮暗褐色,近光滑,小枝近无毛。叶近革质,广卵形至近圆形,宽度常超过长度,长5~9 cm,宽7~11 cm,基部浅至深心形,有时近截形,先端2裂,裂片为叶全长的1/4~1/3,裂片阔,钝头或圆,叶柄长2~4 cm,被毛或近无毛。总状花序侧生或顶生,较短,花少而大,淡红或淡蓝带红色,略带红色或黄色斑点;果线形,长15~30 cm,宽1.5~2 cm,黑褐色,具柄;种子数10~15粒,近圆形,扁平,直径约1 cm。花期3—4月为盛,部分地区全年可开花,果期6月为主。

图5.100　洋紫荆

【分布】产于我国福建、广东、海南、云南、广西等地,栽培管理简单,各地广泛栽培。

【习性】热带树种,喜光和温暖湿润气候,不甚耐寒,冬季气温低于5 ℃即受冻害。对土壤要求不严,萌蘖力强,耐修剪。

【繁殖】扦插、播种或嫁接繁殖。

【观赏与应用】洋紫荆树冠开张,叶形奇特,花大色艳,适合用作行道树、庭荫树等。

(6)凤凰木属 *Delonix* Raf.

本属共3种,产于亚洲热带及非洲等地,我国引入栽培1种。

凤凰木 *Delonix regia*(Boj.)Raf.

【别名】凤凰树、火树、金凤。

【识别特征】高大落叶乔木,高达20 m,胸径可达1 m;树皮粗糙,灰褐色;树冠开展如伞状;二回偶数羽状复叶,长20~60 cm,具羽片10~24对,对生;每羽片有小叶20~40对,对生,近长圆形;伞房状总状花序,顶生或腋生,花大而美丽,直径7~10 cm,鲜红色至橙红色,具4~10 cm长的花梗;荚果扁平,长30~60 cm,宽3.5~5 cm,成熟时黑褐色;种子长圆形,平滑,坚硬,暗褐色;花期5—6月,果期9—10月。

图5.101　凤凰木

【分布】原产马达加斯加岛及非洲热带地区,现热带地区广泛栽培。我国华南等地有引种栽培。

【**习性**】喜光、喜高温，不耐寒，适宜疏松、肥沃、土层深厚且排水良好的土壤。对烟尘有较强抗性。其根系发达、生长迅速，有较强的抗风能力。

【**繁殖**】以播种繁殖为主。

【**观赏与应用**】凤凰木树体高大挺拔，叶形如羽，初夏开花，花大且艳，宜作庭荫树、行道树等。

（7）皂荚属（*Gleditsia* L.）

本属约 16 种，分布于热带和温带地区。我国有 7 种，引入 1 种，广布于南北各省区。

皂荚 *Gleditsia sinensis* Lam.

山皂荚

【**别名**】皂荚树、皂角树。

【**识别特征**】落叶乔木，高可达 30 m，树冠扁球形；枝灰色至深褐色，刺粗壮，圆柱形，常分枝，多呈圆锥状，长达 16 cm。叶多为一回羽状复叶，小叶 3～9 对，纸质，卵状披针形至长圆形，长 2～8 cm，先端圆钝而有短尖头，叶缘具钝锯齿，下面网脉明显。花杂性，黄白色，组成总状花序；荚果带状，长 12～37 cm，宽 2～4 cm，劲直或扭曲，果肉稍厚，两面鼓起。种子多枚，长圆形或椭圆形，扁平，红棕色。花期 5—6 月；果期 8—12 月。

图 5.102 皂荚

【**分布**】原产于我国长江流域，分布极广，我国北部至南部及西南均有分布，多生于平原、山谷及丘陵地区。

【**习性**】性喜光而稍耐阴，喜温暖湿润的气候及深厚、疏松肥沃的湿润土壤，但对土壤要求不严。深根性，抗风力强，生长速度中等，寿命可达六七百年。

【**繁殖**】以种子繁殖为主。

【**观赏与应用**】皂荚树体高大，树冠宽广，叶密荫浓，根系发达，耐旱节水，宜用作防护林、景观林、行道树等。

（8）决明属（铁刀木属）*Cassia* L.

本属约 600 种，分布于热带、亚热带和温带地区。我国栽培 22 种。本属植物可作观赏、绿肥和药用。

黄槐决明 *Cassia surattensis* Burm.

【**别名**】黄槐、黄花槐。

【**识别特征**】小乔木或灌木，高 4～7 m。偶数羽状复叶，叶轴及叶柄呈扁四方形，在叶轴上面最下 2～3 对小叶之间的叶轴有 2～3 枚棒状腺体；小叶 7～9 对，长椭圆形或卵形，长 2～5 cm，宽 1～1.5 cm，先端圆钝或微凹，下面粉白色，被疏散、紧贴的长柔毛，全缘；花鲜黄色，花瓣长约 2 cm，总状花序生于枝条上部的叶腋内，长 5～8 cm；荚果扁平，带状，开裂，长 7～10 cm，宽 8～12 mm，果柄明显；种子 10～12 枚，有光泽。温暖地带花果全年不绝。

图 5.103　黄槐决明

【分布】原产于印度、斯里兰卡、印度尼西亚、菲律宾和澳大利亚等地,现世界各地均有栽培。

【习性】适应能力强,对土壤、气候等要求不甚严格。

【繁殖】扦插、播种繁殖。

【观赏与应用】树形优美,开花时满树黄花,园林中常用作观赏花木或绿篱栽培,也可用作行道树、孤植树等。

(9)刺桐属 *Erythrina* L.

本属约 200 种,分布于全球热带、亚热带地区。我国 5 种,产于西南部至南部,引入栽培5 种。

①刺桐 *Erythrina variegata* L.

【别名】山芙蓉、空桐树、木本象牙红。

【识别特征】落叶大乔木,高可达 20 m。树皮灰褐色,枝有明显叶痕及短圆锥形的黑色直刺。复叶具 3 小叶,长 20~30 cm,叶柄长 10~15 cm,通常无刺;顶生小叶宽卵形或卵状三角形,先端渐尖而钝。总状花序顶生,长 10~16 cm,总花梗木质、粗壮,长 7~10 cm;花冠红色,荚果肿胀黑色,肥厚,种子间略缢缩,长 15~30 cm,种子 4~12 枚,暗红色,长约 1.5 cm。花期 3 月,果期 8—9 月。

图 5.104　刺桐

【分布】原产于亚洲热带地区即印度、马来西亚一带,现在各地广泛栽培。

【习性】喜温暖湿润、光照充足的环境,耐干旱也耐水湿,不甚耐寒,对土壤要求不严,最宜疏松肥沃、排水良好之砂质土。

【繁殖】扦插、播种繁殖。

【观赏与应用】刺桐生长迅速,适应能力强,可供公园、庭院及风景区等地美化,也是城市绿化中优良的行道树。

②龙牙花 *Erythrina corallodendron* L.

【别名】象牙红、鸡公花、珊瑚刺桐。

【识别特征】落叶灌木或小乔木,高 3~5 m,树干和枝条散生皮刺。小叶 3 枚,顶生小叶菱形或

菱状卵形,长4~10 cm,两面无毛,有时叶柄和中脉上有小皮刺。总状花序腋生,长可超过30 cm,花深红色,具短梗,与花序轴成直角或稍下弯,长4~6 cm,狭而近闭合;荚果长约10 cm,具梗,种子间略缢缩,种子数枚,深红色,常有黑斑。花期6—7月,果期8—9月。

图5.105　龙牙花

【分布】原产于美洲热带地区,各地栽培应用较多。

【习性】喜暖热气候,抗风力弱,尤其适宜向阳且不当风处生长。生长速度中等,不耐寒,稍耐阴,能抗污染。

【繁殖】扦插、播种繁殖。

【观赏与应用】龙牙花枝叶扶疏,初夏开花,深红色的总状花序好似一串红色月牙,艳丽夺目,适于公园、庭院等处栽植,也可盆栽点缀室内环境。

(10)槐属 *Sophora* L.

广泛分布于两半球的热带至温带地区。我国有21种,14变种,2变型,主要分布在西南、华南和华东地区,少数种分布到华北、西北和东北。

①槐 *Sophora japonica* L.

【别名】槐树、国槐。

【识别特征】落叶乔木,高可达25 m,胸径可达1.5 m;树皮灰褐色,具纵裂纹,树冠卵圆形。二年生小枝绿色,皮孔明显,无毛。奇数羽状复叶长达25 cm,具7~17枚对生小叶,小叶纸质、卵状披针形或卵状长圆形,长2.5~7 cm,宽1.5~3 cm,先端渐尖;花冠白色或略带淡绿色,荚果串珠状,长2.5~5 cm,肉质,种子间缢缩不明显,成熟后黄绿色,干后黑褐色、不开裂,具种子1~6枚;花期7—8月,果期9—10月。

图5.106　槐

【分布】原产于我国,现南北各省区广泛栽培,华北和黄土高原地区尤为多见。日本、越南、朝鲜也有分布,欧洲、美洲各国均有引种。

【习性】喜光而稍耐阴,能适应较冷气候,对土壤要求不严,在酸性至石灰性及轻度盐碱土中都能正常生长,能较好地适应城市土壤板结等不良环境条件。耐烟尘,对SO_2、Cl_2等有毒气体有较强抗性。幼时生长较快，以后中速生长，寿命较长。

【繁殖】以播种繁殖为主，但龙爪槐只能嫁接繁殖。

【观赏与应用】槐枝叶茂密，绿荫如盖，适应能力强、抗污染，园林中适作庭荫树、行道树等，配置于公园、庭院、工矿厂区、建筑四周等处，效果良好。

　　变种或变型：槐树变种、变型较多，园林中常用的主要有龙爪槐 var. *japonica* f. *pendula* Hort.、五叶槐 var. *japonica* f. *oligophylla* Franch. 等。

图 5.107　龙爪槐、五叶槐

②金枝国槐 *Styphnolobium japonica* ' Golden Stem'

【别名】金枝槐、黄金槐。

【识别特征】落叶乔木，高可达 25 m。树皮灰褐色，具纵裂纹。生枝条秋季逐渐变成黄色、深黄色，2 年生的树体呈金黄色，树皮光滑，羽状复叶叶轴初被疏柔毛，旋即脱净。荚果，串状。花期 6—7 月，果期 8—10 月。

图 5.108　金枝国槐

【分布】金枝国槐也是槐的栽培品种，分布于我国北京、辽宁、陕西、新疆、山东、河南、江苏、安徽等地。

【习性】金枝国槐宜生长于暖温带、半湿润土壤，耐旱、耐寒力较强，对土壤要求不严格，贫瘠土壤可生长，腐殖质肥沃的土壤，生长良好。

【繁殖】生产上采用国槐作砧木，嫁接繁殖苗木。

【观赏与应用】金枝槐树木通体呈金黄色，富贵、美丽，是公路、校园、庭院、公园、机关单位等绿化的优良品种，具有较高的观赏价值。

（11）刺槐属 *Robinia* L.

　　本属约 20 种，分布于北美及墨西哥。我国引入栽培 3 种。

刺槐 *Robinia pseudoacacia* L.

【别名】洋槐。

【识别特征】落叶乔木,高 10～25 m,胸径可达 1 m;树冠椭圆状倒卵形,树皮灰褐色至黑褐色,浅裂至深纵裂。小枝灰褐色,幼时微被毛,后无毛;具托叶刺,长达 2 cm;羽状复叶长,小叶 7～19 枚,椭圆形、长椭圆形或卵形,长 2～5 cm,宽 1.5～2.5 cm,常对生,先端圆或微凹,有时具小尖头;总状花序腋生,长 10～20 cm,下垂,花多数,芳香;总花梗及花梗有毛;荚果褐色,或具红褐色斑纹,线状长圆形,长 5～12 cm,宽 1～1.5 cm,扁平,种子褐色至黑褐色,3～10 枚,微具光泽,有时具斑纹,近肾形,长 5～6 mm,宽约 3 mm。花期 4—6 月,果期 8—9 月。

图 5.109　刺槐

【分布】原产于北美,现欧亚各国广泛栽培。我国黄河流域、淮河流域多集中连片栽植,生长旺盛。

【习性】阳性树种,较适应干燥而凉爽气候,较耐旱。喜土层深厚、疏松、肥沃并湿润的壤土,在积水、通气不良的黏土上生长发育不良。

【繁殖】播种、根插、分蘖繁殖。

【观赏与应用】树冠宽广,叶色浓绿。开花时节绿白相映,淡雅芳香,可用于工矿厂区、城乡绿地、荒山绿化等。

21) 芸香科 Rutaceae

本科约 155 属,1 600 种,主产于热带、亚热带地区。我国栽培约 28 属,150 种,主产于西南部和南部,以经果林栽培为主。

(1) 花椒属 *Zanthoxylum* L.

我国有 39 种 14 变种,自辽东半岛至海南岛,东南部自台湾至西藏东南部均有分布。

花椒 *Zanthoxylum bungeanum* Maxim.

【别名】山椒、秦椒。

【识别特征】落叶小乔木或灌木,高 3～7 m,树皮灰色,小枝上的刺基部宽而扁,呈劲直的长三角形;奇数羽状复叶,互生,小叶 5～11 枚,叶轴上有窄翅,几无柄,卵状长椭圆形,边缘有细锯齿;聚散状圆锥花序黄绿色,顶生或生于侧枝之顶。蓇葖果球形,红色至紫红色,果皮有疣状突起;种子黑色,有光泽。花期 4—5 月,果期 7—8 月。

【分布】国内广泛分布,南北地区均有,尤其陕西、甘肃、四川、重庆等地栽培较多。

【习性】喜光、不耐阴,尤其适宜于温暖湿润及土层深厚肥沃的壤土中生长。耐旱,稍耐寒、不耐水涝,抗病能力强,隐芽寿命长,可耐强修剪。

图5.110　花椒

【繁殖】播种、嫁接、扦插和分株等法繁殖。

【观赏与应用】叶色亮绿,秋果累累,加上其全身有刺,园林中可用作刺篱培育。

（2）枳属 *Poncirus* Raf.

本属1种,我国特有,分布于长江中游两岸各省及淮河流域一带。

枳 *Poncirus trifoliata*（CL.）Raf.

【别名】枸橘、枳壳。

【识别特征】灌木,高1～5 m,树冠伞形或圆头形。枝绿色,嫩枝扁,有纵棱,刺长1～4 cm,刺尖干枯状,红褐色,基部扁平。叶柄有狭长的翼叶,通常有3小叶,极少4～5小叶,叶缘有细钝裂齿或全缘,嫩叶中脉被短毛;花白色,单朵或成对腋生,多数先叶开放,偶见先叶后花者;果近圆球形或梨形,大小不一,通常纵径3～5 cm,横径3.5～6 cm,果顶微凹,有环圈,果皮暗黄色,粗糙,偶见无环圈,果皮平滑。油胞小而密,果心充实,瓤囊6～8瓣,汁胞有短柄,果肉含黏液,微有香橼气味,甚酸且苦,带涩味。种子阔卵形,乳白色或乳黄色,有黏液,20～50枚。花期5—6月,果期10—11月。

图5.111　枳

【分布】产于我国中部,现华南、华北、华东、西南等地均有栽培。

【习性】喜温暖湿润的气候,稍耐阴,较耐寒、耐旱。适应能力强,对土壤要求不严,尤喜生于疏松、肥沃、土层深厚的微酸性土壤。萌芽力强,耐修剪。

【繁殖】以播种繁殖为主,多于春季进行。

【观赏与应用】枝条绿色而多刺,春季白花满树,秋季黄果累累,可作绿篱、屏障树,有较好的防护作用和观赏效果。

（3）金橘属 *Fortunella* Swingle

约6种,产亚洲东南部。我国有5种及少数杂交种,见于长江以南各地。

金橘 *Fortunella margarita*（Lour.）Swingle

【别名】罗浮、长金柑、金枣、公孙橘。

【识别特征】树高3 m以内,实生苗多有刺。叶质厚,浓绿,卵状披针形或长椭圆形,长5～

11 cm,宽 2 ~ 4 cm,顶端略尖或钝,叶柄长达 12 mm;花白色,单花或 2 ~ 3 朵簇生于叶腋,花梗长 3 ~ 5 mm;果椭圆形或卵状椭圆形,长 2 ~ 3.5 cm,橙黄至橙红色,果皮味甜,油胞常稍凸起,瓢囊 5 瓣或 4 瓣,果肉味酸,有种子 2 ~ 5 枚;种子卵形,端尖,子叶及胚均绿色。自然花期 3—5 月,果期 10—12 月。温暖地带盆栽观赏则可全年花开不绝。

图 5.112　金橘

【分布】产于我国南方,尤其是台湾、福建、广东、广西等地广泛栽种。

【习性】喜温暖湿润的南方气候,较耐旱,不耐寒,对土壤要求不严,但喜生于疏松、肥沃、土层深厚的微酸性土壤。

【繁殖】以嫁接繁殖为主。

【观赏与应用】枝繁叶茂,白花如玉,果熟时节硕果累累,多盆栽观赏为主。

（4）柑橘属 *Citrus* L.

本属 20 余种,原产于亚洲东南部、南部地区。现热带、亚热带地区广泛栽培。我国引入栽培约 16 种,秦岭以南各地均有栽培。

①佛手 *Citrus medica* L. var. *sarcodactylis* Swingle

【别名】佛手柑、手橘、九爪木、五指橘。

【识别特征】常绿小乔木或灌木,枝开展,有短硬刺。叶互生,长椭圆形,叶柄短,叶长 8 ~ 15 cm,宽 3.5 ~ 6.5 cm,边缘有微锯齿,先端钝,有时凹;总状花序生于叶腋,花内面白色,外面淡紫色。柑果冬季成熟,鲜黄色,基部圆形,上部分裂如掌,成手指状,香气浓郁。花期 4—5 月,果熟期 10—12 月。

图 5.113　佛手

【分布】主要分布于亚洲各地,我国华南、西南等地栽培较多。

【习性】喜温暖湿润、阳光充足的环境,不耐严寒、怕冰霜及干旱,较耐阴、耐瘠、耐涝。

【繁殖】嫁接、扦插繁殖。

【观赏与应用】树形优美,果形奇特,果期长,香气浓郁。园林中植于公园、植物园、庭院等公共绿地,也可盆栽观赏。

②柚 *Citrus maxima*(Burm.) Merr.

【别名】文旦。

【识别特征】常绿小乔木,树冠圆球形,嫩枝绿色、有棱,有长而略硬的刺。叶大而厚,色泽浓绿,宽卵形至宽椭圆形,先端圆或钝,叶长 9~16 cm,宽 4~8 cm;全缘或边缘具不明显的圆裂齿;花白色,单生或簇生于叶腋,香气浓。果大,横径通常 10 cm 以上,圆球形、扁圆形、梨形等,成熟时淡黄色或黄绿色,果皮较厚。花期 4—5 月,果期 9—10 月。

图 5.114　柚

【分布】我国栽培柚的历史悠久,现华南、东南、西南等地均有栽培。国外的东南亚、美洲、南美洲等地也有。

【习性】喜温暖湿润的气候,不耐旱,不耐寒,也不耐瘠薄土地,较耐湿。

【繁殖】嫁接、压条、播种繁殖。

【观赏与应用】树体高大,叶色浓绿,果大而美,可结合果实生产,种植于公园、庭院的亭、堂、院落角隅等处。

③柑橘 *Citrus reticulata* Blanco

【别名】宽皮橘、蜜橘、红橘。

【识别特征】常绿小乔木或灌木,小枝较细,无毛。枝刺短或无。单身复叶,披针形,椭圆形或阔卵形,长 4~10 cm,宽 2~3 cm,先端钝,全缘或有锯齿。花黄白色,单生或 2~3 朵簇生;果扁圆形至近圆球形,皮薄而光滑,或厚而粗糙,易剥离,淡黄色、朱红色或深红色均有,果肉或酸或甜。花期 4—5 月,果期 9—11 月。

图 5.115　柑橘

【分布】原产于我国,分布于长江流域,现世界各地广泛栽培,是世界著名的水果之一。

【习性】喜温暖的气候,不耐寒,低于-7 ℃即受冻害,宜疏松肥沃、湿润的土壤。

【繁殖】播种、嫁接繁殖。

【观赏与应用】四季常青,枝繁叶茂,春季香花满树,秋季金果累累,可植于庭院、风景区、公共绿地等。

（5）**九里香属** *Murraya* Koenig ex L.

本属约 12 种,分布于亚洲热带、亚热带及澳大利亚东北部。我国有 9 种 1 变种,产南部。

九里香 *Murraya exotica* L. Mant.

【**别名**】九香树,石桂树。

【**识别特征**】常绿小乔木,高可达 8 m。枝白灰或淡黄灰色。叶有小叶 3-5-7 片,小叶倒卵形至倒披针形。多花的伞房状聚伞花序,花序顶生或兼有近顶生;花白色,芳香;花瓣 5 片,长椭圆形,盛花时反折。果橙黄至朱红色,阔卵形或椭圆形。花期 4—8 月,也有秋后开花,果期 9—12 月。

图 5.116　九里香

【**分布**】九里香主要分布在热带和亚热带地区,我国云南、贵州、湖南、广东、广西、福建、海南等地较为常见。

【**习性**】阳性树种,喜温暖,不耐寒。宜置于阳光充足、空气流通的地方。对土壤要求不严,宜选用含腐殖质丰富、疏松、肥沃的沙质土壤。

【**繁殖**】九里香以种子繁殖,扦插繁殖或压条繁殖。

【**观赏与应用**】九里香株姿优美,枝叶秀丽,花香浓郁。常作围篱材料,或作花圃及宾馆的点缀品,亦常用作盆景材料。

22）**苦木科 Simaroubaceae**

本科共 32 属 200 余种,产全世界热带及亚热带地区,少数分布于温带。我国有 4 属,约 10 种,主要分布于长江以南各省区。

臭椿属 *Ailanthus* Desf.

我国有 5 种,2 变种,主产西南部、南部、东南部、中部和北部各省区。

臭椿 *Ailanthus altissima*(Mill.) Swingle

【**识别特征**】落叶乔木,高可达 20 m,树皮平滑而有直纹;嫩枝有髓,幼时被黄色或黄褐色柔毛,后脱落。奇数羽状复叶,互生,长 40 ~ 60 cm,叶柄长 7 ~ 15 cm,有小叶 13 ~ 25 枚;小叶对生或互生,纸质,卵状披针形,长 7 ~ 14 cm,宽 2 ~ 5 cm,先端渐尖,基部偏斜,截形或稍圆,全缘,叶柔碎后具臭味。花淡黄色或黄白色,杂性或雌雄异株;翅果纺锤形,扁平,长 3 ~ 5 cm,宽 1 ~ 1.2 cm,圆形或倒卵形。花期 5—6 月,果期 9—10 月。

【**分布**】在我国以黄河流域为分布中心,各地广泛分布,东北、华北、西北、华南、西南、东南沿海等区域均有栽培。

图 5.117　臭椿

【习性】喜光,不耐阴,较耐寒。适应性强,耐干旱、瘠薄土地,但不耐积水。深根性树种,萌蘖能力强,对土壤要求不严,微酸性、中性、石灰质土壤均能适应,盐碱土上也能生长。对烟尘及 SO_2 等有毒气体有较强的抗性。

【繁殖】以播种繁殖为主,也可分蘖扦插繁殖。

【观赏与应用】树体高大挺拔、树干通直,秋季翅果满树,宜用作行道树、庭荫树等。

23)楝科 Meliaceae

本科约 47 属,870 余种,主产于热带、亚热带地区,少数分布于温带。我国有 15 属,约 60 种,大部分产于华南和西南地区,少数分布在长江以北地区。

(1)楝属 Melia L.

本属约 20 种,主要分布于东南亚及大洋洲。我国 3 种,分布于西南至东南各省、市、区。

①楝树 Melia azedarach L.

【别名】苦楝、哑巴树。

【识别特征】落叶乔木,高 15～20 m;树皮灰褐色,纵裂。树冠开张,近于平顶,小枝粗壮,皮孔多而明显。2～3 回奇数羽状复叶,长 20～40 cm;小叶对生,卵形、椭圆形至披针形,边缘有钝锯齿,顶生小叶略大。花朵小,有香味,花瓣白中透紫,在衰败的过程中,逐渐变白,四下弯曲分散。核果球形至椭圆形,长 1～2 cm,熟时黄色,宿存树上,经冬不落,种子椭圆形。花期 4—5 月,果熟期 10—11 月。

图 5.118　楝树

【分布】产于我国华南至华北,西北、西南等地区有分布,主要分布在低山及平原一带。印度、巴基斯坦、缅甸、马来半岛等地也有分布。

【习性】喜光以及温暖、湿润气候,不耐荫蔽、不甚耐寒,幼树在华北地区较易受到冻害。萌芽力强,抗风、生长快、寿命较短。

【繁殖】播种、扦插、分蘖等法繁殖。

【观赏与应用】树形美观,枝叶茂密且耐烟尘,抗 SO_2 能力强,并能杀菌。园林中适宜用作庭荫树、行道树等,也可孤植、丛植或配置于池畔、路缘、坡地等处。

②川楝 *Melia toosendan* Sieb. et Zucc.

本种习性、用途等与楝树相近,主要区别在于:本种小叶全缘或有不明显疏齿,果椭圆形或近圆形,长约3 cm,径约2.5 cm。花期3—4月,果期10—11月。

图5.119　川楝

(2)米仔兰属 *Aglaia* Lour.

我国产7种1变种,分布于西南、南部至东南部。

米仔兰 *Aglaia odorata* Lour.

【别名】米仔兰、鱼仔兰、树兰。

【识别特征】灌木或小乔木,常绿,高4~7 m,茎多分枝,树冠圆球形。幼枝顶部被星状锈色的鳞片。羽状复叶,小叶3~5枚,倒卵形至长椭圆形,长2~7 cm,全缘,对生;花小,花径2~3 mm,黄色,极芳香,呈圆锥花序腋生,长5~10 cm;浆果卵形或近球形,长约1.2 cm,无毛。花期5—11月,果期7月至翌年3月。

图5.120　米仔兰

【分布】原产于东南亚,现广泛栽植于热带、亚热带地区。我国华南庭院常见栽培,长江流域及其以北多盆栽观赏。

【习性】喜温暖,忌严寒,喜光,忌强阳光直射,稍耐阴,不耐旱,宜疏松肥沃、富有腐殖质且排水良好的壤土。

【繁殖】常用扦插或压条法繁殖。

【观赏与应用】枝叶茂密,四季常青,花香且美,是优秀庭院香花植物之一。园林中可配置庭院,盆栽布置室内,也可点缀草坪等地,景观效果甚好。

(3)香椿属 *Toona* Roem.

本属约15种,产于亚洲及澳大利亚。我国有4种,主要分布于西南至华北等地。

香椿 *Toona sinensis*(A. Juss.) Roem.

【别名】香椿芽、香椿铃。

【识别特征】落叶乔木,高可达 25 m;树皮粗糙,深褐色,片状脱落,小枝粗壮,偶数羽状复叶,长 30~50 cm,小叶 16~20 枚;对生或互生,纸质,卵状披针形或卵状长椭圆形,长 9~15 cm;宽 2.5~4 cm;叶全缘或有疏离的小锯齿,有香气;花白色,圆锥花序,有香气。蒴果狭椭圆形,长 1.5~3 cm,深褐色,种子一端有膜质的长翅。花期 5—6 月,果熟期 8—10 月。

图 5.121　香椿

【分布】原产于我国中部和南部,现我国各地广泛栽培。

【习性】喜光,不耐阴,抗寒能力随树龄的增加而提高,略耐水湿。其根系深,萌蘖、萌芽力强,对土壤要求不严。

【繁殖】播种、扦插、分蘖等法繁殖。

【观赏与应用】树体高大挺拔,枝繁叶茂,嫩叶红色,尤其适合用作庭荫树、行道树,也可配置于疏林、庭院、斜坡、池畔等,景观效果良好。

24)大戟科 Euphorbiaceae

本科约 300 属,8 000 种左右,分布于全球各地,以热带、亚热带为主产区。我国引入栽培 70 余属 460 种左右,分布于国内各地,但主产地为西南至台湾。

(1)铁苋菜属 *Acalypha* L.

我国约 17 种,其中栽培 2 种,除西北部外,各省区均有分布。

红桑 *Acalypha wilkesiana* Muell. Arg.

【别名】铁苋菜、血见愁、海蚌念珠、叶里藏珠。

【识别特征】常绿灌木,高 1~4 m;嫩枝被短毛,叶互生,纸质,阔卵形,古铜绿色或浅红色,常有不规则的红色或紫色斑块,长 10~18 cm,宽 6~12 cm,顶端渐尖,基部圆钝,边缘具粗圆锯齿,下面沿叶脉具疏毛;基出脉 3~5 条;叶柄长 2~3 cm;雌雄同株,通常雌雄异序,雄花序长 10~20 cm,雌花序长 5~10 cm,花序梗长约 2 cm;蒴果,径约 4 mm,种子球形,直径约 2 mm,平滑。全年可开花。

图 5.122　红桑

【分布】原产于太平洋岛屿,现广泛栽培于热带、亚热带地区,我国华南各地公园、庭园有栽培。

【习性】热带树种,喜高温多湿,抗寒力低,不耐霜冻,要求疏松、肥沃、排水良好的土壤。

【繁殖】以扦插繁殖为主,春夏均可。

【观赏与应用】叶色美丽,可作庭院、公园的绿篱和观叶灌木,丛植、散点植均可。

（2）秋枫属 *Bischofia* Bl.

本属2种,分布于亚洲南部及东南部,澳大利亚至波利尼西亚一带。

①**秋枫** *Bischofia javanica* Bl.

【别名】秋风子、大秋枫、红桐、乌杨。

【识别特征】常绿或半常绿大乔木,高达40 m,胸径可达2.3 m;树干通直,分枝略低,树皮褐色,幼树树皮近平滑,老树皮粗糙,砍伤树皮后流出汁液红色,干凝后呈淤血状;三出复叶,稀5小叶,总叶柄长8～20 cm,小叶纸质,卵形、椭圆形、倒卵形或椭圆状卵形,长7～15 cm,宽4～8 cm,先端急尖或短尾状渐尖,基部宽楔形至钝,边缘有粗钝锯齿,幼时叶脉被疏短柔毛,老渐无毛;花小,雌雄异株,圆锥花序腋生。雄花序长8～13 cm,雌花序长15～27 cm,下垂;浆果,圆球形或近圆球形,直径6～13 mm,蓝黑色;种子长圆形,长约5 mm。花期4—5月,果期8—10月。

图5.123　秋枫

【分布】产于我国,各地广泛分布。

【习性】喜阳,稍耐阴,喜温暖,耐寒力较差。对土壤要求不严,能耐水湿,根系发达,抗风力强。

【繁殖】播种繁殖。

【观赏与应用】树体高大,枝繁叶茂,树姿优美,宜用作庭荫树、行道树等。

②**重阳木** *Bischofia polycarpa*（Levl.）Airy Shaw

重阳木的形态特性、繁殖及观赏与应用同秋枫相似,主要区别在于:落叶乔木,小叶叶缘有细锯齿,总状花序,浆果红褐色。

图5.124　重阳木

（3）变叶木属 *Codiaeum* A. Juss.

本属约 15 种，分布于亚洲东南部至大洋洲北部。我国栽培 1 种。

变叶木 *Codiaeum variegatum*（L.） A. Juss.

【别名】洒金榕、变叶月桂。

【识别特征】常绿灌木或小乔木，高可达 2 m。枝条无毛，有明显叶痕。叶革质，形状、颜色差异很大，线形、线状披针形、长圆形、椭圆形、披针形、卵形等，全缘或分裂；长 5~30 cm，顶端短尖、渐尖至圆钝，浅裂至深裂，两面无毛，绿色、淡绿色、紫红色、紫红色与黄色相间、黄色与绿色相间或有时在绿色叶片上散生黄色或金黄色斑点或斑纹；全株具乳汁；总状花序，雄花白色。蒴果近球形，稍扁，无毛，直径约 9 mm。花期 9—10 月。

图 5.125 变叶木

【分布】原产于马来半岛至大洋洲一带，现热带地区广泛栽培。

【习性】喜高温、湿润和阳光充足的环境，不耐寒、不耐旱。喜肥沃、保水性强的黏质壤土。

【繁殖】扦插、播种繁殖。

【观赏与应用】叶形、叶色多变，是热带、亚热带优良的观叶植物。我国华南地区多用于公园、绿地和庭园美化，丛植、片植均可，也可盆栽室内观赏。

（4）海漆属 *Excoecaria* L.

本属约 40 种，主要分布于亚洲、非洲和大洋洲热带地区。我国 6 种 1 变种，西南、华南等地有分布。

红背桂 *Excoecaria cochinchinensis* Lour.

【别名】紫背桂、青紫木。

【识别特征】常绿灌木，高达 1 m；枝无毛，有皮孔。叶对生，稀互生或近轮生，纸质，叶狭椭圆形或长圆形，长 6~15 cm，宽 1~4 cm，顶端长渐尖，基部渐狭，缘具疏细齿，两面均无毛，腹面绿色，背面紫红或血红色，叶柄长 3~10 mm；花单性，雌雄异株，呈腋生或顶生的总状花序，雄花序长 1~2 cm，雌花序由 3~5 朵花组成，略短于雄花序。蒴果球形，直径约 8 mm，基部平截，顶端凹陷；种子近球形，直径约 2.5 mm。适生地区几乎全年可开花。

图 5.126 红背桂

【分布】原产中南半岛，现各地广泛分布。我国华南、西南等部分地区可露地栽培，其余各省市多有盆栽观赏者。

【习性】喜温暖湿润的气候,不耐寒、不耐旱,耐半阴,忌阳光暴晒,于疏松肥沃、排水良好的沙壤土中生长良好。

【繁殖】扦插、播种繁殖。

【观赏与应用】株形矮小,枝叶飘飒,叶表翠绿,叶背紫红,可植于庭院、公园、住宅区等地的角隅、墙角、阶下,也可盆栽观赏。

(5)大戟属 *Euphorbia* L.

本属约 2 000 种,世界各地广泛分布。我国原产 66 种,另有引入栽培 14 种,南北均有分布,以西南横断山区和西北干旱地区为多。

一品红 *Euphorbia pulcherrima* Willd. et Kl.

【别名】老来娇、圣诞花、圣诞红、猩猩木。

【识别特征】灌木,直立性强,高 1～3 m。分枝多,茎光滑,含乳汁。单叶互生,卵状椭圆形、长椭圆形或披针形,长 10～15 cm,宽 4～10 cm,全缘或浅裂,叶背有短柔毛;花序数个聚伞排列于枝顶,花序柄长 3～4 mm;总苞片淡绿色,叶状,披针形,边缘有齿,开花时有红色、黄色、粉红色等。蒴果,三棱状圆形,长 1.5～2 cm,直径约 1.5 cm,种子卵状,灰色或淡灰色。花期 11 月至翌年 3 月。

图 5.127　一品红

【分布】原产于中美洲的墨西哥等地,现广泛栽培于热带和亚热带地区。我国多数省均有栽培。

【习性】喜光和温暖湿润的气候,对土壤要求不严,但在疏松肥沃,排水良好的微酸性沙壤土中生长最佳。

【繁殖】以扦插繁殖为主。

【观赏与应用】植株矮小,苞片红艳耀眼,是优良的观叶植物。园林中可用于布置花坛、花境,也可盆栽观赏。

(6)油桐属 *Vernicia* Lour.

3 种;分布于亚洲东部地区。我国有 2 种;分布于秦岭以南各省区。

油桐 *Vernicia fordii* (Hemsl.) Airy Shaw

【别名】桐油树、桐子树。

【识别特征】落叶乔木,高达 10 m,树冠伞形;树皮灰色,近光滑;枝条粗壮,无毛,具明显皮孔。叶卵圆形,长 8～18 cm,宽 6～15 cm,先端尖,基部心形,全缘,稀 1～3 浅裂,叶柄与叶片近等长,几无毛,顶端有 2 枚暗红色腺体;雌雄同株,花白色,直径可达 5 cm,多呈圆锥状聚伞花序或伞房花序,先叶或花叶同放;果近球状,皮光滑,直径 4～6 cm,含种子 3～5 枚,可榨桐油。花期 3—4 月,果期 9—10 月。

图 5.128　油桐

【分布】原产于我国,现长江流域及以南各省区广泛栽培,西南、华南各地野生者较多。

【习性】喜阳光,不耐寒、不耐贫瘠,喜温暖湿润的环境,适生于缓坡及背风向阳之地,尤其富含腐殖质、土层深厚、排水良好、中性至微酸性沙壤土最宜。

【繁殖】播种、嫁接繁殖。

【观赏与应用】适应性强,花、果、叶均有较高观赏价值,可用作行道树、庭荫树等,也是生态造林树种之一。

(7)乌桕属 *Sapium* P. Br.

本属约 120 种,广布于全球,但主产热带地区,尤以南美洲为最多。我国有 9 种,多分布于东南至西南部丘陵地区。

乌桕 *Sapium sebiferum*(L.)Roxb.

【别名】木子树、桕子树、腊子树。

【识别特征】落叶乔木,高可达 15 m。树皮暗灰色,有纵裂纹;枝广展,具皮孔。叶互生,纸质,叶片菱形或菱状卵形,全缘。花单性,雌雄同株,聚集成顶生的总状花序,雌花通常生于花序轴最下部,雄花生于花序轴上部或有时整个花序全为雄花。蒴果梨状球形,成熟时黑色;种子扁球形,黑色,外被白色、蜡质的假种皮。花期 4—8 月。

图 5.129　乌桕

【分布】在我国主要分布于黄河以南各省区,北达陕西、甘肃。日本、越南、印度也有;此外,欧洲、美洲和非洲亦有栽培。

【习性】喜光,适应性强,耐寒、耐湿热、耐干旱瘠薄和盐碱。根系发达,萌蘖力强,抗风沙。

【**繁殖**】播种、嫁接及扦插繁殖。

【**观赏与应用**】乌桕树冠整齐，叶形秀丽，秋叶经霜时如火如荼，十分美观，有"乌桕赤于枫，园林二月中"之赞名。可孤植、丛植于草坪和湖畔、池边，在园林绿化中可栽作护堤树、庭荫树及行道树。或成片栽植于景区、森林公园中，景观效果良好。

25）黄杨科 Buxaceae

本科共 4 属，100 余种，分布于温带、亚热带及热带等地。我国有 3 属，近 30 种，主要分布于长江以南各地。

黄杨属 Buxus L.

本属约 70 种，亚洲、欧洲、非洲等地均有分布。我国有 17 种。

①**黄杨 Buxus sinica**（Rehd. et Wils.）Cheng

【**别名**】瓜子黄杨、锦熟黄杨。

【**识别特征**】常绿小乔木或灌木，高 1～6 m，小枝四棱形，被短柔毛；叶革质，阔椭圆形、阔倒卵形、卵状椭圆形等，长 1.5～3.5 cm，宽 1～2 cm，先端圆或钝，常有小凹口，不尖锐，基部圆或楔形，中脉凸起，叶面光亮；花序腋生，头状，花密集。蒴果近球形，长 6～8 mm。花期 3—4 月，果期 6—7 月。

图 5.130　黄杨

【**分布**】产于我国中部地区，现各地广泛栽培。

【**习性**】喜半阴及温暖湿润气候、疏松肥沃的中性至微酸性土壤，耐寒能力较强。其萌芽能力强，耐修剪，生长较缓慢。

【**繁殖**】播种、扦插繁殖。

【**观赏与应用**】四季常青，枝叶茂密，耐修剪，园林中常作绿篱、大型花坛镶边以及造型树栽植，可孤植、丛植、列植、散点植于草坪、建筑物前后、山石旁边等。

②**雀舌黄杨 Buxus bodinieri Levl.**

雀舌黄杨与黄杨的主要区别在于：雀舌黄杨叶匙形，少数呈狭卵形或倒卵形，长 2～4 cm，宽 1～2 cm，中脉、侧脉明显凸起。

图 5.131　雀舌黄杨

【分布】原产于我国华南地区,现各地广泛栽培。

雀舌黄杨的习性、繁殖及观赏与应用同黄杨。

26)漆树科 Anacardiaceae

本科约 60 属 600 余种,分布热带、亚热带地区,少数种类分布于北温带地区。我国有 16 属 59 种,主要分布于长江流域及其以南地区。

(1)杧果属 Mangifera L.

本属有 50 余种,主产于亚洲热带地区,印度、马来西亚、缅甸等地较多。我国有 5 种,西南至东南沿海有分布。

杧果 *Mangifera indica* L.

【别名】檬果、芒果。

【识别特征】常绿大乔木,高可达 20 m。树冠稍呈卵形或球形,树皮灰白色或灰褐色,小枝无毛,褐色;叶互生,披针形,薄革质,全缘。叶形和大小变化较大,多呈长圆状披针形,长 15 ~ 30 cm,宽约 9 cm,叶柄长 3.5 ~ 4.5 cm,先端尖;花小,黄色或淡黄色,杂性,有香气。多花密集,呈直立圆锥花序,长 20 ~ 30 cm;核果肾脏形,略扁,长 5 ~ 10 cm,宽 3 ~ 5 cm。成熟前果皮呈绿色至暗紫色,成熟时果皮绿色、橘黄色或红色等;中果皮肉质、多汁,味道香甜,果核坚硬。

图 5.132　杧果

【分布】产于我国云南、广东、广西、福建、台湾等地。现国内外各地广泛栽培。

【习性】喜阳光充足及温暖气候,不耐寒、不耐水湿。适生于土层深厚、肥沃、疏松、排水良好的微酸性砂质土。

【繁殖】以播种繁殖为主。

【观赏与应用】树体高大,树冠整齐,四季常青,除作为南方著名果树栽培外,也是我国南方热带地区优良的行道树、庭荫树种之一。

(2)黄栌属 Cotinus(Tourn.) Mill

本属约 5 种,分布于亚洲、欧洲及北美洲等地。我国有 3 种,华北、西北、西南、华南各地均有栽培。

黄栌 *Cotinus coggygria* Scop.

【别名】黄栌木、烟树。

【识别特征】落叶小乔木或灌木,树冠圆形,高 3 ~ 5 m,木质部黄色,树汁有异味;树皮暗灰褐色,小枝紫褐色,被蜡粉;单叶互生,倒卵形或卵圆形,全缘,长 3 ~ 8 cm,先端圆或微凹。花小、黄绿色,杂性,呈圆锥花序、顶生。核果小,一般 3 ~ 4 mm,肾形。花期 4—5 月,果期 7—8 月。

【分布】原产于我国中西部地区、喜马拉雅山、欧洲南部地带的向阳山坡林地中。

【习性】喜阳光,耐半阴;耐寒、耐干旱瘠薄,不耐水湿。生长快,根系发达,萌蘖能力强,对 SO_2 等有毒气体抗性较强。

图 5.133　黄栌

【繁殖】以播种繁殖为主,也可分株、根插、压条繁殖。

【观赏与应用】树姿优美,茎、叶、花都有较高的观赏价值,尤其是深秋时节,叶色红艳,层林尽染,美丽壮观。花后久留不落的不孕花的花梗呈淡紫色羽毛状,远观枝头,似云似雾,宛如万缕罗纱缭绕树间,夏赏"紫烟",秋观红叶。

27) 冬青科 Aquifoliaceae

冬青属 *Ilex* L.

　　本属约 400 余种,我国约 140 种,主要分布于长江流域及以南各省区,少数种类可分布于长江以北。

枸骨 *Ilex cornuta* Lindl. et Paxt.

【别名】猫儿刺、鸟不宿、八角刺。

【识别特征】常绿灌木或小乔木,高 3 ~ 8 m,少数可达 10 m,胸径可达 80 cm。树皮灰白色,平滑不裂;小枝粗壮、开展而密生。叶厚革质,有光泽,长圆形,长 4 ~ 8 cm,宽 2 ~ 4 cm,缘有宽三角形尖硬锯齿,且齿先端刺状,常向下反卷;花小,黄绿色,花序多簇生于 2 年生枝叶腋。核果球形,熟时鲜红色,直径 8 ~ 10 mm。花期 4—5 月、果实 9—11 月成熟。

图 5.134　枸骨

【分布】产于我国长江流域及以南各地,生于山坡、谷地、溪边杂木林或灌丛中,现各地广泛栽培。

【习性】喜光,稍耐阴、耐干旱瘠薄、不甚耐寒;于温暖气候及疏松肥沃、排水良好的微酸性土壤中生长良好,也能适应城市环境。生长缓慢;萌蘖能力强,耐修剪。

【繁殖】播种、扦插繁殖。

【观赏与应用】枝叶稠密,叶形奇特,色泽浓绿有光泽,入秋则红果累累,经冬不凋,宜用作基础种植及配置岩石园中,也可孤植、对植、丛植或做绿篱。

28) 卫矛科 Celastraceae

　　本科约 60 属,850 余种,广泛分布于热带、亚热带及温带地区。我国 12 属 201 种,分布于全国各地。

卫矛属 *Euonymus* L.

　　我国有 111 种,10 变种,4 变型。分布于亚热带和温暖地区。

卫矛 *Euonymus alatus*(Thunb.) Sieb.

【别名】鬼箭羽、六月凌、四面锋、四棱树。

【识别特征】落叶灌木,高 1～3 m,分枝多,丛生状;小枝常具 2～4 列宽阔薄片状木栓翅,翅宽可达 1.2 cm;单叶对生,倒卵状长椭圆形、窄长椭圆形,长 2～6 cm,宽 1～3 cm,边缘有细锯齿,两面光滑无毛;叶柄短,长 1～3 mm;花小,黄绿色,呈聚伞花序,每个花序有小花 1～3 朵,花序梗长约 1 cm,小花梗长 5 mm;蒴果 1～4 深裂,裂瓣椭圆状,棕紫色。种子椭圆状或阔椭圆状,被橙红色假种皮。花期 5—6 月,果期 9—10 月。

图 5.135　卫矛

【分布】产于我国华北。

【习性】喜光,稍耐阴;对气候和土壤等的适应能力强,能耐干旱、瘠薄土地及寒冷气候。对土壤要求不严,可在中性、酸性及石灰性土壤中正常生长发育。萌芽力强,耐修剪,对 SO_2 等有毒气体抗性较强。

【繁殖】播种、扦插或分株繁殖。

【观赏与应用】枝翅奇特,嫩叶及秋叶、果裂均为紫红色,可孤植、丛植于草坪、斜坡等地,或与山石、亭廊相配。

29)槭树科 Aceraceae

　　本科现有 2 属 200 余种,主产于亚洲、欧洲、美洲,热带、亚热带及温带地区。我国有 2 属 140 余种,全国各地广泛分布。

槭属 *Acer* L.

　　本属共有 200 余种,分布于亚洲、欧洲及美洲。我国约有 140 余种。

鸡爪槭 *Acer palmatum* Thunb.

【别名】鸡爪枫,槭树。

鸡爪槭

【识别特征】落叶小乔木,高可达 8 m,树皮深灰色。小枝细瘦;当年生枝紫色或淡紫绿色;多年生枝淡灰紫色或深紫色,光滑。叶纸质,圆形,直径 6～10 cm,有 5～9 掌状深裂,通常 7 裂,裂片长圆状卵形或披针形,先端锐尖或长锐尖,边缘有尖锐锯齿;花小,紫红色,杂性,雄花与两性花同株,呈顶生伞房花序,总花梗长 2～3 cm;翅果长 2～3 cm,嫩时紫红色,成熟时淡棕黄色;小坚果球形,两翅张开成钝角。花期 5 月,果熟期 9—10 月。

图 5.136　鸡爪槭

【分布】产于我国华东、华中、西南等地海拔 200～1 200 m 的林边或疏林中。朝鲜、日本也有分布。

【习性】喜疏阴的湿润环境,怕日光暴晒,抗寒性不强,能忍受较干旱的气候条件,不耐水涝。对土壤要求不严,适宜栽植于富含腐殖质的沙壤土。生长速度中等偏慢。

【繁殖】播种、嫁接或扦插繁殖。

【观赏与应用】树姿优美,叶形秀丽。园林中可配置草坪、溪边、池畔、墙隅等处。

【变种或变型】园艺变种很多,常见栽培的主要有小鸡爪槭(深裂鸡爪槭)var. *thunbergii* Pax、细叶鸡爪槭(羽毛枫)var. *dissectum*(Thunb.) K. Koch、紫红鸡爪槭(红枫)f. *atropurpureum*(van Houtte) Schwerim 等。

30) 七叶树科 Hippocastanaceae

本科 2 属,约 30 种。我国 1 属,约 10 种。

七叶树属 Aesculus L.

本属 30 余种,广布于亚洲、欧洲、美洲等地。我国约 10 种,主要分布于亚热带、热带地区。

七叶树 Aesculus chinensis Bunge

【别名】梭椤树、天师栗。

【识别特征】落叶乔木,高达 25 m,树皮深褐色或灰褐色,小枝圆柱形,黄褐色或灰褐色,无毛或嫩时稍有柔毛;掌状复叶,小叶 5～7 枚,纸质,长圆披针形至长圆倒披针形,长 8～16 cm,宽 3～5 cm;花大小不一,白色;蒴果球形或倒卵圆形,顶部短尖或钝圆而中部略凹下,直径 3～4 cm,黄褐色,较粗糙,具斑点。种子常 1～2 枚,近于球形,形似板栗,直径 2～3.5 cm。花期 4—5 月,果期 9—10 月。

图 5.137　七叶树

【分布】在我国秦岭一带有野生,东部及黄河流域各地有栽培。

【习性】喜光,能耐半阴,喜温暖湿润气候,稍耐寒。喜疏松肥沃、湿润而排水良好的砂质土。深根性,生长速度中等,寿命长。

【繁殖】播种、扦插、压条繁殖。

【观赏与应用】高大挺拔,树冠整齐,枝繁叶茂,宜用作庭荫树、行道树等,景观效果良好。

31)无患子科 Sapindaceae

本科约 150 属 2 000 余种,广布于热带和亚热带地区,我国有 25 属近 60 种,现各地均有分布。

(1)无患子属 Sapindus L.

本属约 13 种,分布于亚洲、美洲及大洋洲等地。我国常见栽培有 5 种。

无患子 Sapindus mukorossi Gaertn.

【别名】苦患树、木患子、肥皂树。

【识别特征】落叶大乔木,高可达 20 m,树皮灰褐色或黑褐色;嫩枝绿色,无毛。羽状复叶,叶连柄长 25 ~ 45 cm 或更长,叶轴稍扁,上面两侧有直槽,无毛或被微柔毛。小叶 5 ~ 8 对,近对生,纸质或薄革质,长椭圆状披针形或稍呈镰形,长 7 ~ 15 cm,宽 2 ~ 5 cm,顶端短尖或短渐尖。花小,花序顶生,圆锥形;果的发育分果片近球形,直径 2 ~ 2.5 cm,橙黄色,干时变黑。春季开花,夏秋果实成熟。

图 5.138　无患子

【分布】我国东部、南部至西南部有产。日本、朝鲜、印度等地也常见栽培。

【习性】喜光,稍耐阴,不耐水湿,能耐干旱,耐寒能力较强。生长较快,耐粗放管理,寿命长,对 SO_2 抗性较强。

【繁殖】播种、扦插繁殖。

【观赏与应用】树干通直,枝叶开展,绿荫稠密,秋季满树金叶,果实累累,是优良观叶、观果、观形树种。园林中适合用作行道树、庭荫树等。

(2)栾树属 _Koelreuteria_ Laxm.

本属有4种,我国产3种。

复羽叶栾树 _Koelreuteria bipinnata_ Franch.

【别名】灯笼树、摇钱树。

【识别特征】落叶乔木,高可达20 m,2回羽状复叶,长可达70 cm,总轴被柔毛。小叶8~10枚,薄革质、卵形,长3.5~6 cm,边缘有锯齿,两面无毛。花黄色,花瓣基部有红色斑,杂性,大型圆锥形花序顶生;蒴果卵形、椭圆形,长4~7 cm,先端圆,具小凸尖,紫红色。花期8—9月,果期10—11月。

图5.139　复羽叶栾树

【分布】复羽叶栾树主要分布于我国中南及西南等地区。

【习性】喜光,喜温暖湿润气候,深根性,适应性强,耐干旱,抗风,抗污染能力强,生长速度快。

【繁殖】播种繁殖。

【观赏与应用】树体高大、挺拔,夏叶浓密,秋叶金黄。园林中可用作行道树、庭荫树以及荒山造林等。

32)鼠李科 Rhamnaceae

本科约58属,900种以上,广泛分布于温带至热带地区。我国14属,133种,32变种,1变型,全国各省(区)均有分布,西南和华南的种类最为丰富。

(1)枣属 _Ziziphus_ Mill.

本属100种,主要分布于亚洲和美洲的热带和亚热带地区。我国12种,3变种,各地多有栽培,主产于西南和华南地区。

枣 _Ziziphus jujuba_ Mill.

【别名】大枣、红枣。

【识别特征】落叶乔木或小乔木,高达10 m。枝有长枝、短枝和脱落性小枝3种,俗称"枣头""枣股""枣吊",长枝呈"之"字形曲折,红褐色,常有托叶刺,一长一短,长刺直伸,短刺向后钩曲;短枝在2年生枝上互生;脱落性小枝绿色,为纤细下垂的无芽枝,常3~7簇生于短枝节上,冬季与叶脱落。单叶互生,卵形至卵状披针形,长3~7 cm,宽1.5~4 cm,基部3主脉,叶片近革质,具光泽。花小,两性,淡黄绿色,。核果卵形至矩圆形,长2~3.5 cm,直径1.5~2 cm,熟后暗红色或淡栗褐色,具光泽,味甜;果核坚硬,两端尖。花期5—7月,果期8—9月。

图5.140 枣

【分布】我国大部分省区均有分布。

【习性】喜光,适应性强,耐寒、耐湿热、耐干旱瘠薄和盐碱。根系发达,萌蘖力强,抗风沙。

【繁殖】分株、嫁接及扦插繁殖。

【观赏与应用】枣叶垂荫,红果挂枝,枝干苍劲,是我国著名果树。宜作庭荫树及行道树,或丛植、群植于庭院、"四旁"、路边。枣树对多种有害气体抗性较强,可用于厂矿绿化。幼树可作刺篱材料,老根可作桩景。

(2)枳椇属 *Hovenia* Thunb.

本属有3种,2变种。我国除东北、内蒙古、新疆、宁夏、青海和台湾外,各地均有分布。

枳椇 *Hovenia acerba* Lindl.

【别名】拐枣、鸡爪子、南枳椇。

【识别特征】落叶乔木,高15~25 m。树皮灰黑色,小枝红褐色。单叶互生,厚纸质至纸质,广卵形至卵状椭圆形,长8~16 cm,宽6~12 cm,先端渐尖,基部近圆形,叶缘有粗钝锯齿,基部3出脉。二歧式聚伞圆锥花序,腋生或顶生;花小,两性,淡黄绿色。浆果状核果近球形,直径5~6.5 mm,成熟时褐色或紫黑色;果梗弯曲,肥大肉质,经露后味甜可食。花期5—7月,果熟期8—10月。

图5.141 枳椇

【分布】产于我国中南部大部分地区,生于海拔2 100 m以下的开阔地、山坡林缘或疏林中。

【习性】喜光,有一定的耐寒力,对土壤要求不严。

【繁殖】以播种繁殖为主,也可扦插或分蘖。

【观赏与应用】树姿优美,树冠圆形或倒卵形,枝叶茂密,果梗奇特可食用,是良好的庭荫树及行道树。

33)杜英科 Elaeocarpaceae

本科12属400种,分布于热带和亚热带地区。我国2属51种,分布于我国西南部至东南部。

杜英属 *Elaeocarpus* L.

本属约 200 种,分布于热带、亚热带地区。我国 38 种,6 变种,主要分布于华南与西南地区。

杜英 *Elaeocarpus decipiens* Hemsl.

【识别特征】常绿乔木,高达 5~15 m。叶薄革质,披针形或矩圆状披针形,长 7~12 cm,宽 2~3.5 cm。总状花序腋生,长 4~10 cm;花黄白色,下垂,萼片披针形,长 5.5 mm,宽 1.5 mm;花瓣倒卵形,与萼片等长,上半部撕裂,裂片丝形。核果椭圆形,长 2~2.5 cm,宽 1.3~2 cm,熟时淡褐色。花期 6—7 月,果期 10 月。

图 5.142　杜英

【分布】广东、广西、福建、台湾、浙江、江西、湖南、贵州和云南等地。

【习性】稍耐阴,喜温暖湿润气候,耐寒性不强。宜排水良好酸性土壤。对 SO_2 抗性强。

【繁殖】播种或扦插繁殖。

【观赏与应用】树冠圆整,枝叶繁茂,秋冬、早春叶片常变红色,红绿相间,鲜艳夺目。宜于草坪、坡地、林缘、庭前、路口丛植,也可栽作其他花木的背景树或列植成绿墙起隐蔽遮挡及隔声作用。对 SO_2 有抗性,可作工矿区绿化树种。

34) 椴树科 Tiliaceae

本科约 52 属,500 种,主要分布于热带、亚热带地区。我国 13 属,85 种,主要分布于长江流域以南各省(区)。

椴树属 *Tilia* L.

本属约 80 种,主要分布于亚热带和北温带。我国 32 种,南北均有分布,主要分布于黄河流域以南,五岭以北广大亚热带地区,只少数种类到达北回归线以南,华北及东北。

南京椴 *Tilia miqueliana* Maxim.

【别名】菩提椴、菠萝椴。

【识别特征】落叶乔木,高 20 m。树皮灰白色,嫩枝及芽有黄褐色茸毛。叶卵圆形,长 9~12 cm,宽 7~9.5 cm,顶端急短尖,基部心形,整正或稍偏斜,叶缘具粗锯齿,背面密被灰黄色星状茸毛。聚伞花序长 6~8 cm,有花 3~12 朵,花序柄被灰色茸毛;苞片狭窄倒披针形,长 8~12 cm,宽 1.5~2.5 cm,两面被茸毛;萼片长 5~6 mm,被灰色毛;花瓣稍长于萼片。果球形,无棱,直径 9 mm,花期 7 月,果期 9—10 月。

【分布】山东、安徽、江苏、浙江、江西、广东等省(区)。

【习性】喜温暖、湿润气候。

图 5.143　南京椴

【繁殖】播种繁殖。

【观赏与应用】树体高大,树姿优美,花序梗上的舌状苞片奇特美观,可作行道树和庭院绿化树种。

35)锦葵科 Malvaceae

本科约 50 属,1 000 余种,分布于温带及热带。我国 16 属,80 余种,分布于全国各地,以热带和亚热带地区种类较多。

木槿属 *Hibiscus* L.

本属约 200 余种,广泛分布于热带和亚热带地区。我国近 24 种(含引种),分布于全国各地。

①**木芙蓉** *Hibiscus mutabilis* L.

【别名】芙蓉花、芙蓉。

【识别特征】落叶灌木或小乔木,高 2 ~ 5 m。茎、叶片、叶柄、花梗、小苞片上均密被星状毛和短柔毛。叶卵圆状心形,直径 10 ~ 15 cm,掌状 5 ~ 7 裂,裂片三角形,边缘有钝齿,两面均具星状毛。花两性,单生于枝端叶腋,直径约 8 cm,初开时白色或淡红色,至下午变为深红色;花瓣 5,外面被毛,单瓣或重瓣。蒴果扁球形,直径 2.5 ~ 3 cm,果瓣 5 花期 8—10 月,果熟 11—12 月。

图 5.144　木芙蓉

【分布】原产于我国西南部,黄河流域至华南均有栽培。成都一带尤为盛产,故称为"蓉城"。

【习性】喜阳光充足,略耐阴;喜温暖、不耐严寒;喜肥沃、湿润、排水良好的微酸性至中性砂质土;耐烟尘和有害气体。生长快,萌蘖力强,耐修剪。

【繁殖】扦插、压条、分株、播种繁殖。

【观赏与应用】秋季开花,花大而美丽,随品种不同花色、花型变化丰富。可植于池旁水畔,孤植

或丛植于庭院、坡地、路边、林缘及建筑前,或栽作花篱。可作为工矿区绿化树种。

②**朱槿** *Hibiscus rosasinensis* L.

【别名】扶桑、大红花。

【识别特征】常绿灌木,高达1~3 m。叶阔卵形或狭卵形,长4~9 cm,宽2~5 cm,基部近圆形,先端渐尖或突尖,边缘有不整齐粗齿或缺刻。花单生于上部叶腋间,常下垂,花梗长3~7 cm;花冠漏斗形,直径6~10 cm,淡红色、玫瑰红色或淡黄色等;雄蕊柱和花柱较长,长4~8 cm,伸出花冠外,花柱枝5。蒴果卵形,长约2.5 cm。花期四季(原产地)。

图5.145　朱槿

【分布】原产于我国南部,福建、台湾、广东、广西、云南、四川等省(区)。全国各地均有栽培,但在长江流域以北地区常盆栽。

【习性】喜光,不耐阴,喜温暖、湿润气候;不耐寒,喜肥沃而排水良好的土壤。

【繁殖】扦插繁殖。

【观赏与应用】花大色艳,花期长,花色多,有红色、粉红色、橙黄色、黄色、粉边红心及白色等,有单瓣和重瓣,花叶品种是美丽的观花植物。丛植或孤植于庭院、路边、林缘及建筑前,或栽作花篱。盆栽朱槿是布置公园、花坛的常用花木。

③**木槿** *Hibiscus syriacus* L.

【别名】木棉、荆条、朝开暮落花、喇叭花。

【识别特征】落叶灌木或小乔木,高3~4 m。多分枝,幼枝密被黄色星状毛及茸毛。单叶互生,菱状卵圆形,长3~10 cm,宽2~4 cm,端部常3裂,基部楔形。花单生于枝端叶腋,直径5~6 cm,单瓣或重瓣,花瓣有淡紫、红、白等色,雄蕊柱和花柱不伸出花冠。蒴果卵圆形,长约2 cm,密生星状绒毛,先端具尖喙。花期7—10月,果期9—11月。

图5.146　木槿

【分布】在全国各地均有栽培。

【习性】喜光,耐半阴;喜温暖湿润气候,较耐寒;耐干旱及瘠薄土壤,但不耐积水;萌蘖性强,耐修剪;对 SO_2、Cl_2 等抗性较强。

【繁殖】扦插、播种或压条繁殖。

【观赏与应用】夏秋开花,花期长而花朵大,且有许多不同花色、花型的变种和品种,是优良的园林观花树种。孤植、丛植于草坪、路边或林缘。常作花篱或基础栽植。适应性强并对有毒气体有抗性,是工厂绿化的好树种。

36)木棉科 Bombacaceae

本科约 20 属,180 种,分布于热带,以美洲最多。我国 1 属 2 种,分布于南部至西南部,引种栽培 5 属 5 种。

木棉属 *Bombax* L.

本属约 50 种,主要分布于美洲热带,少数分布于亚洲热带、非洲和大洋洲。我国有 2 种,分布于云南和广东。

木棉 *Bombax malabaricum* DC.

【别名】攀枝花、英雄树、红棉。

【识别特征】落叶大乔木,高达 25 m。树干上具粗短的圆锥状刺,枝条轮生,平展。掌状复叶,小叶 5 ~ 7 片,长椭圆形,长 10 ~ 16 cm,宽 3.5 ~ 5.5 cm,全缘,无毛。花单生枝顶叶腋,红色,橙红色,直径约 10 cm;花瓣 5,厚肉质,倒卵状长圆形,长 8 ~ 10 cm,宽 3 ~ 4 cm,雄蕊多数,花柱长于雄蕊,柱头 5 裂。蒴果大,长圆形,近木质,内有绵毛。种子小,多数,黑色,倒卵形,藏于绵毛内。花期 3—4 月,先叶开放。果期 7—8 月。

图 5.147　木棉

【分布】云南、四川、贵州、广西、江西、广东、福建、台湾等省区亚热带。

【习性】喜光,喜暖热气候,不耐寒,耐旱。

【繁殖】以播种繁殖为主,也可分蘖、扦插等法繁殖。蒴果成熟后爆裂,种子易随棉絮飞散,故要在果开裂前采收,置阳光下晒裂,拣出种子。种子贮藏时间不宜过长,一般在当年雨季播种。

【观赏与应用】树形高大雄伟,春天先叶开花,花大色艳,是美丽的观赏树种,可作行道树或庭园风景树。

37)梧桐科 Sterculiaceae

本科 68 属 1 100 种,主产于热带、亚热带,少数产于温带。我国约 19 属,82 种,3 变种,产于西南和华南各省(区),以云南、海南最多。

梧桐属 *Firmiana* Marsili

本属有 15 种,产于亚洲和非洲东部。我国有 3 种,主要分布于华南和西南。

梧桐 *Firmiana platanifolia* (L.f.) Marsili

梧桐

【别名】青桐。

【识别特征】落叶乔木或灌木,高达 15～20 m。树皮青绿色,光滑。叶心形,长 15～20 cm,掌状 3～5 裂,裂片全缘,三角形,先端渐尖,叶柄约与叶片等长。圆锥花序顶生,长 20～50 cm,下部分枝长达 12 cm;花单性同株,淡黄绿色,无花瓣;花萼裂片条形,向外卷曲,长 7～9 mm,被淡黄色短柔毛。蓇葖果膜质,有柄,远在成熟前即开裂成叶状,长 6～11 cm、宽 1.5～2.5 cm,外面被短茸毛或几无毛,每蓇葖果有种子 1～4 个;种子着生于果皮边缘棕黄色,大如豌豆,表面皱缩。花期 6—7 月,种子 9—10 月成熟。

图 5.148　梧桐

【分布】我国南北各省。

【习性】喜光,喜温暖湿润气候,耐寒性不强,不耐涝;喜肥沃、湿润、深厚、排水良好的土壤。梧桐对多种有毒气体都有较强抗性。萌芽力弱,不耐修剪。

【繁殖】播种繁殖,种子应层积催芽;也可扦插、分根繁殖。

【观赏与应用】树干通直,树冠圆形,树姿优雅,树皮青翠,叶大荫浓,且秋季转为金黄色,果形奇特,为优美的庭荫树和行道树。其对多种有毒气体有较强抗性,可作厂矿区绿化树种。

38) 藤黄科 Guttiferae

本科 40 属,1 000 余种,主产热带,少数分布温带。我国 8 属 87 种,几乎遍布全国各地。

金丝桃属 *Hypericum* L.

金丝梅

本属约 400 种,广布世界。我国约 55 种,广布于全国各地,但主产于西南。

金丝桃 *Hypericum monogynum* L.

【别名】金丝海棠、金丝莲、土连翘、金线蝴蝶、过路黄。

【识别特征】小灌木,高达 0.5～1.3 m。枝圆柱形,橙褐色,光滑无毛。叶对生,纸质,无柄;叶片长椭圆形,长 2～11.2 cm,宽 1～4.1 cm,先端锐尖至圆形,基部渐狭而稍抱茎,表面绿色,背面粉绿色。花金黄色,直径 3～6.5 cm,单生或 1～15 朵成聚伞花序;花瓣 5,宽倒卵形;雄蕊多数,较花瓣长;花柱连合,顶端 5 裂。蒴果卵球形,长 0.6～1 cm,宽 4～7 mm。花期 5—8 月,果熟期 8—9 月。

图 5.149　金丝桃

本种变异幅度大,可根据叶形、花序以及萼片大小的变异划分为 4 个类型,即柳叶型、钝叶型、宽萼型、卵叶型。

【分布】我国中部及南部地区。

【习性】喜光,略耐阴,喜温暖湿润气候,较耐寒,对土壤要求不严。萌芽力强,耐修剪。

【繁殖】播种、分株及扦插繁殖。

【观赏与应用】花叶秀丽,花色金黄,其呈束状纤细的雄蕊灿若金丝,仲夏叶色嫩绿,黄花密集,惹人喜爱,是南方庭院中常见的观赏花木。金丝桃可列植、丛植于庭园内、假山旁及路边、草坪边缘、花坛边缘、门庭两旁,也可植为花篱。

39) 山茶科 Theaceae

本科约 36 属 700 余种,分布于热带至亚热带。我国有 15 属 480 种,主产长江流域以南地区。

山茶属 Camellia L.

本属约 280 种,分布于东亚北回归线两侧。我国 238 种,以云南、广西、广东及四川最多。

①山茶 Camellia japonica L.

【别名】茶花、耐冬、山茶花。

【识别特征】常绿灌木或小乔木,高 6 ~ 9 m,嫩枝无毛。叶革质,表面有光泽,卵形、倒卵形或椭圆形,长 5 ~ 10 cm,宽 2.5 ~ 5 cm,先端短钝渐尖,基部楔形,缘有细锯齿,侧脉不明显,网脉不显著;花多为红色,近圆形,直径 5 ~ 12 cm,近无柄;花瓣 6 ~ 7,或多数重瓣。蒴果圆球形,直径 2.5 ~ 3 cm。花期 1—4 月,果期 9—10 月。

图 5.150   山茶

山茶是我国传统名花,原种为单瓣红花,但在自然界的演化过程和长期的栽培历史中,植株习性、叶、花形、花色等方面产生极多的变化,出现花朵从红到白,从单瓣到重瓣的各种组合。

【分布】我国东部、中部及南方各地广泛栽培。

【习性】喜半阴,喜温暖湿润气候,有一定的耐寒能力,宜在肥沃湿润、排水良好的微酸性土壤和庇荫条件下栽培。

【繁殖】嫁接、压条、扦插、播种等法繁殖,种子采收后应随采随播;对不易生根的品种,多采用嫁接繁殖。

【观赏与应用】山茶是中国传统名花。叶色翠绿有光泽,四季常青,花大而色艳。观赏期长,品种繁多,11 月早花品种开花,晚花品种开至翌年 4 月。可孤植、群植于庭园、公园、建筑物前,可营造观赏专类园。

②滇山茶 Camellia reticulata Lindl.

【别名】云南山茶、云南山茶花。

【识别特征】灌木至小乔木,高达 15 m;嫩枝、芽鳞无毛。叶表深绿而无光泽,椭圆状卵形至卵状披针形,长 8 ~ 11 cm,宽 4 ~ 5.5 cm,先端尾尖,基部楔形或圆形,具细锯齿,侧脉明显,网状脉显著。花顶生,多为粉红色至深红色,直径 10 cm,无花柄;花瓣 6 ~ 7,重瓣花 15 ~ 20。蒴果扁球形,宽 5.5 cm。花期 11 月下旬至翌年 3 月,果期 9—10 月。

图 5.151　滇山茶

【分布】产于云南西部及中部。

【习性】喜半阴,酷热及严寒均不适宜。宜在湿润肥沃、排水良好的微酸性土壤和庇荫条件下栽培。

【繁殖】播种、压条、扦插、嫁接等法繁殖。

【观赏与应用】叶常绿,花艳丽,久经栽培,品种繁多,是很好的观赏花木。云南山茶是我国特产,在全世界享有盛名。

③**茶梅** *Camellia sasanqua* Thunb.

【别名】茶梅花。

油茶　　茶

【识别特征】灌木,高达 3 m,分枝细密。嫩枝有毛,芽鳞表面有倒生柔毛。叶革质,椭圆形至长卵形,长 3 ~ 5 cm,宽 2 ~ 3 cm,先端短尖,基部楔形或钝圆形,边缘有细锯齿,网脉不显著。花 1 ~ 2 朵顶生或近顶生,直径 4 ~ 7 cm,白色、粉红色至玫瑰红色,无花梗;花瓣 6 ~ 7 片(栽培品种多为重瓣)。蒴果球形,直径 1.5 ~ 2 cm。花期 11 月至翌年 1 月。

图 5.152　茶梅

【分布】长江以南及西南地区。

【习性】喜光,在阳光充足处花朵极为繁茂;喜温暖湿润气候,有一定抗旱性,适生于肥沃疏松、排水良好的酸性砂质土中。

【繁殖】播种、嫁接、扦插、压条等法繁殖。

【观赏与应用】花繁叶茂,可丛植于草坪或疏林下,可作基础种植及绿篱,开花时为花篱,落花后为常绿绿篱,也可盆栽观赏。

40）瑞香科 Thymelaeaceae

　　本科 48 属,约 650 种,分布于温带至热带,主产于非洲。我国 10 属 100 种,主要分布于长江以南各省(区)。

(1)瑞香属 *Daphne* L.

　　本属约 95 种,分布于欧洲、非洲、大洋洲、亚洲温带、亚热带及热带。我国 44 种,分布于西南及西北部。

瑞香 *Daphne odora* Thunb.

【别名】睡香、蓬莱紫、瑞兰、千里香。

【识别特征】常绿直立灌木,高达 2 m;小枝无毛,紫红色或紫褐色。单叶互生,长椭圆形或倒披针形,长 7~13 cm,宽 2.5~5 cm,全缘,质较厚,叶柄较短。头状花序顶生;花无花瓣,萼筒状,先端 4 裂,花瓣状,白色或淡紫红色,芳香;花柱短,柱头头状。核果肉质,圆球形,红色。花期 3—5 月,果期 7—8 月。

图 5.153　瑞香

【分布】长江流域以南。

【习性】喜阴,忌日光暴晒。喜温暖,不耐寒。喜排水良好的酸性土壤,忌积水。萌芽力强,耐修剪,易造型。

【繁殖】播种或扦插压条繁殖。

【观赏与应用】枝干丛生,四季常绿,早春开花,美丽芳香。可丛植于庭园、林下、路缘,北方多盆栽观赏。

(2)结香属 *Edgeworthia* Meisn.

　　本属 5 种,主要分布于亚洲。我国有 4 种,1 种分布于陕西、河南及长江流域以南各省区,其余 3 种产于西南部。

结香 *Edgeworthia chrysantha* Lindl.

【别名】黄瑞香、打结花、梦花、三叉树。

【识别特征】落叶灌木,高 0.7~1.5 m;全株被绢状长柔毛或长硬毛,幼嫩时更密;小枝粗壮、柔软(可打结),常呈三叉分枝,棕红色或褐色。叶椭圆状倒披针形,长 8~20 cm,宽 2.5~5.5 cm,两面均被银灰色绢状毛,全缘。花 30~50 朵集成头状花序,下垂;花萼黄色,筒状,顶端 4 裂,裂片卵形花瓣状,外被银白色丝状毛,芳香。核果卵形。花期冬末春初,先叶开放,果期春夏间。

图 5.154　结香

【分布】我国中部及西部、长江流域以南各省区均有分布。

【习性】喜半阴,喜温暖湿润气候,不耐寒,喜肥沃而排水良好的砂质土。

【繁殖】分株、扦插、播种繁殖。

【观赏与应用】早春开花,美丽芳香,枝条柔软,弯之可打结而不断,可作各种造型;多栽于丛植、群植于庭园、公园、水边等地;北方常盆栽观赏。

41)胡颓子科 Elaeagnaceae

本科3属,80余种,分布于北半球温带和亚热带地区。我国2属,约60种,遍布全国各地。

胡颓子属 *Elaeagnus* L.

本属约80种,分布于亚洲、欧洲南部及北美。我国约55种,全国各地均有分布,但长江流域及以南地区更为普遍。

胡颓子 *Elaeagnus pungens* Thunb.

沙枣

【别名】羊奶子、四枣、三月枣。

【识别特征】常绿灌木,高3~4 m;枝条开展,有枝刺,刺顶生或腋生,幼枝有褐色鳞片。叶革质,椭圆形至长椭圆形,长5~10 cm,宽1.8~5 cm,边缘皱波状或反卷,表面初时有鳞片,后脱落,变平滑,绿色而有光泽,背面初时有银灰色鳞片,后渐变褐色鳞片;花1~3朵腋生于锈色小枝上,下垂,白色,密被鳞片,芳香。核果,椭球形,长1.2~1.4 cm,幼时被褐色鳞片,成熟时红色。花期9—12月,果熟期翌年5月。

图5.155　胡颓子

【分布】长江流域以南各省。

【习性】喜光,耐半阴;喜温暖气候,较耐寒;对土壤要求不严;耐烟尘,对多种有害气体有较强抗性。萌芽、萌蘖性强,耐修剪。

【繁殖】以播种为主,也可扦插、嫁接繁殖。

【观赏与应用】枝叶茂密,花香果红,银白色叶片在阳光下闪闪发光,其变种叶色美丽,是理想的观叶观果树种。常丛植、群植、列植于公园、街头绿地,修剪成球形或作绿篱;盆栽或制作盆景供室内观赏。

42)千屈菜科 Lythraceae

本科约25属,550种,主分布于热带和亚热带地区。我国有1属,约47种,全国各地均有分布。

紫薇属 *Lagerstroemia* L.

本属约55种,分布于亚洲东部、东南部、南部的热带、亚热带地区,大洋洲也有少数种类分布。我国有 16 种,引入栽培 2 种。

紫薇 *Lagerstroemia indica* L.

【别名】百日红、痒痒树、无皮树。

【识别特征】落叶灌木或小乔木,高达 3 ~ 7 m。枝干多扭曲,树皮淡褐色,表皮脱落后树干光滑细腻;小枝四棱形。叶纸质,对生或近对生,椭圆形至倒卵状椭圆形,长 2.5 ~ 7 cm,宽 1.5 ~ 4 cm,无柄或极短,先端短尖或钝,基部宽楔形或近圆形,全缘。圆锥花序顶生,7 ~ 20 cm;花淡红色、紫色或白色,直径 3 ~ 4 cm;花瓣 6 瓣,近圆形,呈皱缩状,着生于萼筒边缘,每瓣具柄状长爪;雄蕊 36 ~ 42 枚。蒴果近球形,径约 1 cm,6 瓣裂成熟时或干燥时呈紫黑色。花期 6—9 月,果期 9—11 月。

图 5.156　紫薇

【分布】华东、华中、华南及西南各地。现我国各地普遍栽培。

【习性】喜光,稍耐阴;喜温暖气候,有一定耐寒力;耐旱忌涝。对土壤要求不严,喜生于肥沃、湿润而排水良好的石灰性土壤。萌蘖性强,生长较慢。对 SO_2、HF 的抗性强,能吸入有害气体。

【繁殖】播种、扦插繁殖。

【观赏与应用】树姿优美,枝干扭曲,紫薇树长大以后,树干外皮落下,光滑无皮,以手挠之,则见枝摇叶动,故又称为"痒痒树"。花姿娇美,色彩艳丽,花期长,从夏季一直开到秋末,故有"百日红"之称。花开满树,艳丽如霞,故又称满堂红。宜丛植、群植于庭院、池畔、路边及草坪上。可作街景树、行道树,也可制作盆景和桩景。

43）**石榴科** Punicaceae

本科只 1 属 2 种,产地中海至亚洲西部地区。

石榴属 *Punica* Linn.

本属共 2 种,我国引入栽培 1 种。

石榴 *Punica granatum* L.

【别名】安石榴、山力叶、丹若。

【识别特征】落叶灌木或小乔木,高 3 ~ 5 m;树冠丛状自然圆头形,内分枝多,嫩枝有棱,多呈方形。小枝柔韧,不易折断,枝端多为刺状,无顶芽;单叶对生或簇生,长椭圆形或倒卵形,全缘,亮绿色,无毛,有短叶柄;花红色,浆果近球形,花期 6—7 月,果期 9 月。

图 5.157　石榴

【分布】原产于伊朗、阿富汗等地。现我国南北各地除极寒地区外,均有栽培分布。

【习性】喜光、喜温暖气候,耐旱,稍耐寒,不耐涝;喜肥沃湿润而排水良好的土壤。

【繁殖】播种、扦插、压条等法繁殖。

【观赏与应用】石榴科是美丽的观赏树及果树,常植于庭园等处,也可用作盆景。

44) 使君子科 Combretaceae

本科 18(-19)属,450 余种,主产两半球热带,亚热带地区也有分布。我国有 6 属,25 种,7 变种,分布于长江以南各省区,主产云南及广东海南岛。

诃子属 Terminalia Linn.

本属约 200 种,两半球热带广泛分布。我国产 8 种,分布于台湾、广东、广西(南部)、四川(西南部)、云南和西藏(东南部)。

榄仁树 Terminalia catappa L.

【别名】山枇杷、大叶榄仁、法国枇杷。

【识别特征】大乔木,高 15 m 或更高,树皮揭黑色,纵裂而剥落状;枝平展,近顶部密被棕黄色的绒毛,具密而明显的叶痕。叶大,互生,常密集于枝顶,叶片倒卵形,先端钝圆或短尖,中部以下渐狭,基部截形或狭心形,两面无毛或幼时背面疏被软毛,全缘,稀微波状,主脉粗壮;叶柄短而粗壮,被毛。穗状花序,花多数,绿色或白色;果椭圆形,果皮木质,坚硬,无毛、成熟时青黑色。花期 3—6 月,果期 7—9 月。

图 5.158　榄仁树

【分布】广东(徐闻至海南岛)、台湾、云南(东南部)。

【习性】热带树种,喜光,耐旱,耐瘠薄,不耐寒;喜疏松、肥沃、排水良好的砂质土壤。原产于马来半岛。

【繁殖】种子繁殖。

【观赏与应用】榄仁树枝条平展,树冠宽大如伞状,极其美观,遮荫效果甚佳。秋冬落叶时叶色转红,春天新叶嫩绿,为优良园林绿化树种。

45) 桃金娘科 Myrtaceae

本科约 100 属,3 000 余种,主产热带及亚热带。我国约 9 种 126 余种 8 变种,多栽培于南方。

(1) 桉属 Eucalyptus L. Herit

本属约 600 种,我国引种按树将近 90 年,种类接近 80 种。

桉 Eucalyptus robusta Smith

【别名】大叶桉、大叶尤加利。

【识别特征】常绿乔木,高达 28 m;树皮粗厚,深褐色,有不规则斜裂沟,不剥落;叶互生,卵状长椭圆形或广披针形,长8~18 cm,全缘,革质,背面有白粉,叶柄扁。伞形花序腋生,花梗及花序轴扁平。蒴果碗状,径0.8~1 cm,花期4—9月。

【分布】原产于澳大利亚;我国南部及西南地区有栽培。

【习性】喜温暖湿润气候。

【繁殖】播种繁殖为主。

图5.159 桉

【观赏与应用】树干高大挺直,树姿优美、生长迅速,华南地区多作行道树、庭荫树,也是重要造林、防风林树种。

(2)蒲桃属 *Syzygium* Gaertn.

本属约500余种,主要分布于亚洲热带,少数在大洋洲和非洲。我国约有72种,多见于广东、广西和云南。

①蒲桃 *Syzygium jambos* (L.) Alston

【别名】水蒲桃、铃铛果、水晶蒲桃。

【识别特征】常绿乔木,高达10 m,;枝开展,树冠球形;树皮浅褐色,平滑。单叶对生,革质,长椭圆状披针形,长10~25 cm,先端渐尖,全缘。花绿白色,径3~4 cm,顶生伞房花序;果球形或卵形,径3~5 cm,黄色;花期3—4月,果期5—6月。

图5.160 蒲桃

【分布】产于华南至中印半岛,我国常产台湾、福建、广东、广西、贵州、云南等省区。

【习性】喜光,要求湿热气候,喜生河旁水边。其适应性强,对土壤选择不大,各种土壤均能栽种,在沙土上生长也良好,以肥沃、深厚和湿润的土壤为最佳。

【繁殖】播种繁殖。

【观赏与应用】树形美丽,果味香甜,但水分少,可制果冻或蜜饯。园林中可用作庭荫树及防风固堤树种。

②**赤楠** *Syzygium buxifolium* Hook. et Arn.

【别名】鱼鳞木、山乌珠、牛金子。

【识别特征】灌木或小乔木。叶革质,对生,多椭圆形,长1.5~3 cm,侧脉多而密,斜行向上;具边脉,聚伞花序顶生或近顶腋生。花小,白色,花期6—8月;浆果球形,紫黑色。

图5.161　赤楠

【分布】产安徽、浙江、台湾、福建、江西、湖南、广东、广西、贵州等省(区)。

【习性】不耐寒,生长慢,喜好温暖潮湿环境和富含腐殖层土壤。

【繁殖】播种繁殖。

【观赏与应用】叶形颇似黄杨,可植于庭园观赏,材质坚重致密,可作雕刻等用。

（3）**红千层属** *Callistemon* R. Br.

本属约20种,产澳大利亚。我国栽培有3种。

白千层属

红千层 *Callistemon rigidus* R. Br.

【别名】瓶刷木、红瓶刷、金宝树。

【识别特征】常绿灌木或小乔木,树皮坚硬,灰褐色;叶坚革质互生,线形,仅中脉明显;无柄,顶生穗状花序,长约10 cm,盛开时径5~6 cm,红色,花期6—8月,蒴果半球形。

图5.162　红千层

【分布】原产于澳大利亚,我国有引种,东南、华南、华中等地有栽培。

【习性】阳性树种,喜温暖、湿润气候,能耐烈日酷暑,不耐寒、不耐阴,对土壤适应能力强。生长缓慢,萌芽力强,耐修剪,抗风。

【繁殖】播种繁殖为主,也可扦插繁殖。

【观赏与应用】树形美观,花形独特,适宜用作庭院绿化作观花树、行道树、风景树等,也可用作防风林、切花或盆栽。

46)五加科 Araliaceae

本科约80属,900余种。我国23属160种,南北均产,但以西南部最多。

(1)鹅掌柴属 Schefflera J. R. G. Forst.

本属约有200种,我国有37种,分布于西南部和东南部的热带和亚热带地区,主要产地在云南。

鹅掌柴 Schefflera octophylla (Lour.) Harms.

【别名】鸭掌木、鹅掌木。

【识别特征】乔木或灌木,高2~15 m,盆栽1~2 m。小枝粗壮,干时有皱纹,幼时密生星状短柔毛,不久毛渐脱稀。分枝多,枝条紧密。掌状复叶,小叶5~8枚,长卵圆形,革质,深绿色,有光泽。圆锥状花序顶生,花白色,浆果球形,黑色。花期11—12月,果期12月。

图 5.163　鹅掌柴

【分布】广布于西藏(察隅)、云南、广西、广东、浙江、福建和台湾,为热带、亚热带地区常绿阔叶林常见的植物。

【习性】喜半阴环境,喜湿怕干。在空气湿度大、土壤水分充足的环境下生长茂盛;宜生于土质深厚肥沃的酸性土中,稍耐瘠薄。

【繁殖】播种、扦插等法繁殖。

【观赏与应用】叶片奇特,可盆栽观赏,也可作庭院观赏植物。

(2)八角金盘属 Fatsia Decne. Planch.

本属有2种,一种分布于日本,另一种系我国台湾特产。

八角金盘 Fatsia japonica (Thunb.) Decne. et Planch.

八角金盘

【别名】八金盘、八手、手树、金刚纂。

【识别特征】常绿灌木或小乔木,叶近圆形,5~9裂。圆锥花序顶生,长20~40 cm;伞形花序,直径3~5 cm,托叶不明显。果近球形,直径5 mm,熟时黑色。花期10—11月,果熟期翌年4月。

图5.164　八角金盘

【分布】我国华北、华东及西南多有栽培。

【习性】喜温暖湿润环境,耐阴,不耐干旱,有一定耐寒力,适生于排水良好和湿润砂质土之中。

【繁殖】扦插、播种或分株繁殖。

【观赏与应用】四季常青,叶形优美,可配置庭院、门旁、窗边、墙隅及建筑物背阴处,也可点缀在溪流滴水之旁,还可成片群植于草坪边缘、林地或盆栽供室内观赏等。

47)山茱萸科 Cornaceae

本科全世界有15属,约有119种,分布于全球各大洲的热带至温带以及北半球环极地区,而以东亚为最多。我国有9属约60种,除新疆外,其余各省区均有分布。

(1)梾木属 Swida Opiz

本属约有42种,我国有25种(包括1种引种栽培的在内)和20个变种(原变种亦计算在内),全国除新疆外,其余各省区均有分布,而以西南地区的种类为多。

①红瑞木 Swida alba

【别名】凉子木、红瑞山茱萸。

【识别特征】落叶灌木,高达3 m;枝条鲜红色。叶对生,椭圆形,背面灰白色。聚伞花序顶生,花小,白色或淡黄白色,核果乳白色或蓝白色。花期6—7月,果期8—10月。

【分布】产黑龙江、吉林、辽宁、内蒙古、河北、陕西、甘肃、青海、山东、江苏、江西等省区。

【习性】极耐寒,耐旱,耐修剪,喜光,喜较深厚、湿润、肥沃、疏松的土壤。

【繁殖】播种、扦插或压条繁殖。

图5.165　红瑞木

【观赏与应用】秋叶鲜红,小果洁白,落叶后枝干红艳如珊瑚,是优秀的观茎植物,可丛植草坪或与常绿乔木相间种植,也可作切枝材料。

②**灯台树** *Bothrocaryum controversum*（Hemsl.）Pojark.

【**别名**】女儿木、六角树（四川）、瑞木。

【**识别特征**】落叶乔木,高6～15 m;树皮光滑,暗灰色或带黄灰色,树枝层层平展,侧枝轮状着生;叶互生纸质,阔卵形、阔椭圆状卵形或披针状椭圆形,侧脉6～7对,背面灰绿色;叶常集生枝端。花白色,复聚伞花序顶生,花期5—6月。核果球形,成熟时由紫红变蓝黑色。

图5.166　灯台树

【**分布**】产于我国辽宁、华北、西北至华南、西南地区;朝鲜、日本、印度、尼泊尔也有分布。

【**习性**】喜光,喜湿润;生长快;适应性强,宜在肥沃、湿润及疏松、排水良好的土壤上生长。

【**繁殖**】播种或扦插繁殖。

【**观赏与应用**】树形整齐美观,花白色美丽,可作庭荫树及行道树,尤宜孤植。

（2）**四照花属** *Dendrobenthamia* Hutch.

　　本属10种,我国全有,变种12。产于内蒙古、山西、陕西、甘肃、河南以及长江以南各省区。

四照花 *Dendrobenthamia japonica*（DC.）Fang var. *chinensis*（Osborn.）Fang

【**别名**】石枣、羊梅、山荔枝。

【**识别特征**】落叶小乔木,高达8 m;单叶对生,厚纸质,卵状椭圆形,长5.5～12 cm,基部圆形或广楔形,弧形侧脉4～5对,全缘,背面粉绿色,有白色柔毛,脉腋有淡褐色毛。花小,成密集球形头状花序,外有花瓣状白色大形总苞片4枚;花期5—6月。聚花果球形,肉质,熟时粉红色。

图5.167　四照花

【分布】主产于我国长江流域及河南、山西、陕西、甘肃等地。

【习性】喜温暖气候和阴湿环境,适生于肥沃而排水良好的土壤。适应性强,稍耐寒及干旱、瘠薄。

【繁殖】可扦插、分蘖繁殖,也可播种繁殖。

【观赏与应用】初夏白色总苞覆盖满树,光彩耀目,秋叶变红色或红褐色,可配置庭院、公园等处。

（3）**桃叶珊瑚属** *Aucuba* Thunb.

全世界约 11 种,我国均有分布,产于黄河流域以南各省区,东南至台湾,南至海南,西达西藏南部。

青木 *Aucuba japonica* Thunb.

【别名】桃叶珊瑚、东瀛珊瑚。

【识别特征】常绿灌木,小枝绿色,无毛。叶对生,革质,卵状长椭圆形,稀阔披针形,先端急尖或渐尖,边缘疏生锯齿,两面油绿有光泽,边缘上段具 2-4(-6) 对疏锯齿或近于全缘。圆锥花序顶生,花小,紫红或暗紫色。花期 3—4 月。果鲜红色,11 月至翌年 4 月成熟。

图 5.168　青木

【分布】原产于日本、朝鲜及我国台湾、福建等地。

【习性】极耐阴,忌直射,喜湿润、排水良好的土壤,不耐寒。

【繁殖】以扦插繁殖为主。

【观赏与应用】叶形美丽,可配置庇荫处及疏林下,也可盆栽室内观赏或用作插花。

48）**杜鹃花科 Ericaceae**

本科约 103 属,约 3 350 种,全世界分布,除沙漠地区外,我国有 15 属 757 种。各省均产,以西南部最多。

（1）**杜鹃属** *Rhododendron* L.

我国约 542 种,除新疆、宁夏外,各地均有,但集中产于西南、华南。

①**钝叶杜鹃** *Rhododendron obtusum* (Lindl.) Planch.

【别名】春鹃、雾岛杜鹃、朱砂杜鹃。

【识别特征】常绿或半常绿灌木,高约 1 m;幼枝密生褐毛,分枝多而密。叶椭圆形至椭圆状卵形或长圆状倒披针形至倒卵形,1～2.5 cm,宽 4～12 mm,上面鲜绿色,下面苍白绿色,质较厚而有光泽,端钝,边缘有纤毛,两面有毛,中脉尤多。花 2～3 朵簇生枝端,漏斗形,红色至粉红色或淡红色,花期 4—5 月。

图5.169　钝叶杜鹃

【分布】原产于日本,是杜鹃花属中著名的栽培种,在我国东部及东南部均有栽培,变种及园艺品种甚多。

【习性】耐热,不耐寒,适生于阳光充足或半阴、排水良好而湿度适中的酸性土壤。

【繁殖】以扦插繁殖为主,也可以嫁接、压条、分株或播种繁殖。

【观赏与应用】花色对比度强,常植于庭园或公园观赏,也可盆栽或作盆景。

②**西洋杜鹃** *Rhododendron hybridum* Ker Gawl.

【别名】比利时杜鹃、杂种杜鹃。

【识别特征】常绿灌木,株高可达1.5 m。花形大小不一,花色多变,具有同株异花、同花多色等特点。花瓣有单瓣、复瓣和重瓣之分。

图5.170　西洋杜鹃

【分布】最早在荷兰、比利时育成。温带、亚热带分布广泛,我国有引种。

【习性】喜光也耐半阴,不耐旱也不耐寒,不耐水湿,喜温暖湿润的环境。喜深厚肥沃、排水良好的微酸性土壤。

【繁殖】扦插、播种繁殖。

【观赏与应用】花色绚丽多彩,品种繁多,植株低矮,枝干紧密,叶片细小,又四季常绿,可配置庭园、公园等处,也可修剪盘扎做盆景等。

(2)**吊钟花属** *Enkianthus* Lour.

本属约13种。我国有9种,分布于长江流域及其以南各省区,以西南部种类较多。

吊钟花 *Enkianthus quinqueflorus* Lour.

【别名】山连召、白鸡烂树、铃儿花

【识别特征】落叶或极少常绿灌木、小乔木,高1-3(-7)m。枝常轮生,叶互生,全缘或具锯齿,常聚生枝顶,具柄。单花或为顶生、下垂的伞形花序或伞形总状花序。花梗细长,花开时常下弯。花冠钟状或坛状,浅裂,粉红色或红色。果时直立或下弯,基部具苞片。蒴果椭圆形,淡黄色。

图 5.171　吊钟花

【分布】我国东部至西南部,日本、越南、缅甸也有栽培。

【习性】适生于海拔 600~2 400 m 的山坡灌丛中。

【繁殖】扦插、播种繁殖。

【观赏与应用】多数种类花朵美丽,是花卉中的珍品,可配置庭院、公园,也可盆栽观赏。

(3)马醉木属 *Pieris* D. Don

　　本属约 7 种,我国现有 3 种,产东部及西南部。

马醉木 *Pieris japonica* (Thunb.) D. Don ex G. Don

白珠树属

【别名】梫木、日本马醉木。

【识别特征】灌木或小乔木,高约 4 m;树皮棕褐色,小枝开展,无毛;叶革质,表面深绿色,背面淡绿色,椭圆状披针形,长 3~8 cm,宽 1~2 cm,先端短渐尖,无毛,边缘在 2/3 以上具细圆齿;总状花序或圆锥花序顶生或腋生,花序轴有柔毛;花白色,坛状,无毛;蒴果近于扁球形,无毛。花期 4—5 月,果期 7—9 月。

图 5.172　马醉木

【分布】分布于中国安徽、浙江、福建、台湾等省。日本也有分布。生长在海拔 800~1 200 m 的灌丛中。

【习性】喜湿润、半阴环境,耐寒,也可在全光照下生长,喜肥沃、酸性、通透性强的土壤。

【繁殖】播种繁殖,扦插繁殖。

【观赏与应用】白色壶状小花,排列别致,树姿优美,叶色随叶的新老程度不同而变化,同一时期会同时拥有红、粉红、嫩黄、绿色等叶片,异彩纷呈。应用于花篱和色块配置、块状种植和边缘灌木,现常用于春节期间装饰增添节日喜庆气氛。

49)紫金牛科 Myrsinaceae

本科有 32~35 属,约 1 000 种,主要分布于南、北半球热带和亚热带地区。我国 6 属,约 130 种。

紫金牛属 *Ardisia* Swartz

本属约 300 种,我国 68 种,12 变种,分布于长江流域以南各地。

紫金牛 *Ardisia japonica*(Thunb)Blume

【别名】小青、短脚三郎、凉伞盖珍珠。

【识别特征】常绿草本状小灌木,具匍匐生根的根茎,直立茎高 30 cm,不分枝。叶对生或近轮生,常集生茎端,椭圆形,长 4~7 cm,两端尖,缘有尖齿,表面暗绿而有光泽,背面叶脉明显,中脉有毛。伞形总状花序,花小,白色或粉红色。核果球形,径 5~6 mm,熟时红色,经久不落。花期 5—6 月,果期 11—12 月。

图 5.173　紫金牛

【分布】产陕西及长江流域以南各省区,海南岛未发现。

【习性】喜温暖、湿润环境,喜荫蔽,忌阳光直射。适宜生长于富含腐殖质、排水良好的土壤。

【繁殖】播种、扦插繁殖。

【观赏与应用】全株或根及根皮入药。北方可温室盆栽观果或作地被栽培。

50)山榄科 Sapotaceae

本科约 800 种,属于 35—75 属(属的界限还不很清楚)。我国有 14 属 28 种,主产华南和云南,少数产台湾,1 种延至西藏东南部。其中有 5 种是由国外引种的。

(1)铁线子属 *Manilkara* Adans.

本属约 70 种,分布热带地区。我国产 1 种,引种栽培 1 种。

人心果 *Manilkara zapota*(Linn.)van Royen

【别名】吴凤柿、赤铁果、奇果。

【识别特征】常绿乔木,高 15~20 m。叶互生,密聚于枝顶,革质,长圆形或卵状椭圆形,长 6~19 cm,先端急尖或钝,基部楔形,全缘或稀微波状,两面无毛,具光泽,中脉在上面凹入,下面凸起,侧脉纤细;花1~2朵生于枝顶叶腋,花冠白色;浆果卵形或近球形,长4~8 cm,褐色。花果期4—9月。

图5.174 人心果

【分布】原产于美洲热带地区,现广植于全球热带。我国华南、西南、东南等地有栽培。

【习性】喜高温和肥沃的砂质土,适应性较强,在肥力较低的黏质土壤也能正常生长发育。

【繁殖】播种、压条繁殖。

【观赏与应用】热带果树,品种多。果可生食,味甜如柿;树干流出的乳汁为制口香糖的原料。

(2)紫荆木属 *Madhuca* J. F. Gmel.

本属约85种,我国产2种,分布于云南、广东、广西。

紫荆木 *Madhuca pasquieri* (Dubard) Lam.

【别名】滇木花生、出奶木(云南)、铁色(广西)、海胡卡(广东)。

【识别特征】常绿乔木,高达30 m,体内具黄白色乳汁;树皮黑褐色,具乳汁,呈片状剥落;嫩枝密生皮孔,被淡黄色绒毛,老枝黑褐色,无毛。叶互生,革质,倒卵形或倒卵状长圆形;花数朵簇生叶腋,花冠黄绿色,长5~7.5 mm,果椭圆形或小球形,长2~3 cm。花期7—9月,果期10月至翌年1月。

图5.175 紫荆木

【分布】广东、广西、云南等地,生于海拔1 100 m以下的混交林中或山地林缘。

【习性】阳性树种,耐旱耐瘠薄的环境,幼年生长缓慢,天然更新较弱。

【繁殖】播种繁殖。

【观赏与应用】紫荆木枝叶浓绿,遮阳和涵养水源效果较好,为庭园绿化树种和重要的水源涵养树种,也是珍贵用材和油料兼备的稀有经济树种。

51) 山矾科 Symplocaceae

本科只1属,约300种,广布于亚洲、大洋洲和美洲的热带和亚热带,非洲不产。

山矾属 Symplocos Jacq.

本属约300种,我国有77种,主要分布于西南部至东南部,以西南部的种类较多,东北部仅有1种。

①白檀 *Symplocos paniculata*（Thunb.）Miq.

【别名】碎米子树、乌子树、灰叶白檀。

【识别特征】落叶灌木或小乔木,高达5 m,嫩枝被毛。叶膜质或薄纸质,互生,阔倒卵形、椭圆状倒卵形或卵形,,边缘细锐锯齿,叶面无毛或有柔毛。圆锥花序生枝顶,花白色,微香,5裂,雄蕊细长。核果熟时蓝色,卵状球形,稍偏斜。花期4—6月,秋季果熟。

图5.176　白檀

【分布】产东北、华北、华中、华南、西南各地。

【习性】喜温暖湿润气候和深厚肥沃的砂质土,喜光也稍耐阴,适应性强,耐寒,抗干旱,耐瘠薄。

【繁殖】播种、扦插繁殖。

【观赏与应用】树形优美,枝叶秀丽,是良好的园林绿化点缀树种,也可用作生态林树种。

②四川山矾 *Symplocos setchuensis* Brand

【别名】光亮山矾。

【识别特征】常绿小乔木,高达7 m。嫩枝有棱,黄绿色,无毛。叶片薄革质,长椭圆形或倒卵状长椭圆形,先端尾状渐尖,基部楔形,边缘疏尖锯齿,两面无毛,中脉在两面凸起。叶柄长0.5~1 cm。穗状花序宿短呈团伞状,背面有白色长柔毛或柔毛,生于叶腋;核果核果卵圆形或长圆形,熟时黑褐色。花期3—4月,果期5—6月。

【分布】产于长江流域及其以南,生于海拔250~1 000 m的山地林间。

【习性】喜光也耐半阴,喜温暖湿润气候。抗旱,稍耐寒,不耐涝,喜深厚肥沃、富含腐殖质且排水良好的土壤。

图 5.177　四川山矾

【繁殖】播种繁殖。

【观赏与应用】可作风景区基调树种,也可布置公园及庭园绿化。

52)安息香科(野茉莉科)Styracaceae

本科约 11 属,180 种,我国产 9 属,50 种,9 变种,分布北起辽宁东南部南至海南岛,东自台湾,西达西藏。

（1）**白辛树属** Pterostyrax Sieb. et Zucc.

本属约 4 种,产我国、日本和缅甸。我国产 2 种。

白辛树 Pterostyrax psilophyllus Diels ex Perk

【别名】裂叶白辛树、刚毛白辛树、鄂西野茉莉。

【识别特征】乔木,高达 15 m;树皮灰褐色,不规则开裂;嫩枝被星状毛。叶硬纸质,长椭圆形、倒卵形或倒卵状长圆形,顶端急尖,基部楔形,边缘具细锯齿,嫩叶上面被黄色星状柔毛,下面密被灰色星状绒毛,侧脉每边 6～11 条,近平行;叶柄密被星状柔毛,上面具沟槽。圆锥花序,顶生或腋生,花白色。核果近纺锤形有 5 棱翅,密被灰黄色疏展、丝质长硬毛。花期 4—5 月,果期 8—10 月。

图 5.178　白辛树

【分布】我国中部至西南部,贵州、四川、云南、湖北、湖南、广西、广东等地有栽培。

【习性】喜光,稍耐寒,耐旱,喜温暖湿润气候,不耐涝,适生于酸性土壤。

【繁殖】播种、扦插繁殖。

【观赏与应用】本种具有萌芽性强和生长迅速的特点,可作为低湿地造林或护堤树种。树形雄伟挺拔、生长迅速、花香叶美,为庭园绿化的优良树种。

（2）**安息香属** Styrax L.

本属约 130 种,我国约有 30 种,7 变种,除少数种类分布至东北或西北地区外,其余主产于长江流域以南各省区。

野茉莉 *Styrax japonicus* Sieb. et Zucc

【别名】耳完桃(广东)、君迁子(陕西)、木桔子(湖北)。

【识别特征】落叶灌木或小乔木,高 4~8 m,少数高达 10 m;树皮暗褐色或灰褐色,平滑。单叶互生,纸质或近革质,椭圆形或倒卵状椭圆形,长 4~10 cm,缘有浅齿,仅背面脉腋有簇生星状毛。花下垂,花萼钟状,具 5 圆齿,无毛;花冠白色,5 深裂,长约 1.5 cm。核果近球形,径 8~10 mm。花期 5—7 月,果期 9—11 月。

图 5.179　野茉莉

【分布】主产于我国长江流域,朝鲜、日本、菲律宾也有栽培。

【习性】喜光,也稍耐阴,喜温润、微酸性的肥沃疏松土壤,耐瘠薄,耐寒,忌涝;生长快。

【繁殖】播种繁殖。

【观赏与应用】树形优美,花白色下垂,美丽而花期长,宜植于水滨湖畔或阴坡谷地、溪流两旁,也可布置于庭园及公园观赏。

53)马钱科 Loganiaceae

本科约 28 属,550 种,分布于热带至温带地区。

灰莉属 *Fagraea* Thunb.

本属约 37 种,分布于亚洲东南部、大洋洲及太平洋岛屿。我国产 1 种。

灰莉 *Fagraea ceilanica*

【别名】非洲茉莉、华灰莉、灰刺木。

【识别特征】常绿乔木或灌木,高达 15 m,有时附生于其他树上呈攀援状灌木。树皮灰色。小枝粗厚,圆柱形。叶对生,稍肉质,椭圆形或倒卵状椭圆形,长 5~25 cm,叶面深绿色,侧脉不明显。花单生或为二歧聚伞花序;花冠漏斗状,质薄,稍带肉质,白色,有芳香。浆果卵状或近圆球状,淡绿色,有光泽。花期 4—8 月,果期 7 月至翌年 3 月。

图5.180　灰莉

【分布】原产于我国台湾、海南、广东、广西、云南南部以及印度、中南半岛和东南亚各国。

【习性】喜光,耐阴,耐寒力强。在南亚热带地区终年青翠碧绿,长势良好。对土壤要求不严,适应性强,粗生易栽培。

【繁殖】播种、扦插繁殖。

【观赏与应用】枝繁叶茂,树形优美,叶片近肉质,叶色浓绿有光泽,是优良的室内观叶植物,花大形,芳香,枝叶深绿色,为庭园观赏植物,可露地栽培观赏。

54) 柿科 Ebenaceae

本科有3属,500余种,主要分布于两半球热带地区,在亚洲的温带和美洲的北部种类少。我国有1属,约57种。

柿属 *Diospyros* L.

本属约500种,主产于全世界的热带地区。我国有57种,6变种,1变型,1栽培种,黄河南北,北至辽宁,南至广东、广西和云南,各地都有,主要分布于西南部至东南部。

①柿 *Diospyros kaki* Thunb.

【别名】朱果、猴枣。

【识别特征】落叶乔木,通常高达10～14 m以上;树皮长方块状开裂,沟纹较密;小枝有褐色短柔毛,单叶互生,纸质,卵状椭圆形至倒卵形或近圆形,通常较大长5～18 cm,全缘,革质,背面及叶柄均有柔毛。花单性异株或杂性同株,雄花成聚伞花序,雌花单生。浆果大,扁球形,径3～8 cm,熟时呈橙黄色或橘红色。花期5—6月,果期9—10月。

【分布】产于我国长江流域至黄河流域及日本。现东北南部至华南广作果树栽培,而以华北栽培最盛。

【习性】喜光,耐寒,耐干旱瘠薄,不耐水湿和盐碱。深根性,寿命长。

图5.181　柿

【繁殖】嫁接、播种繁殖。

【观赏与应用】果味甜、多汁,除供鲜食外,还可制成柿汁、柿蜜、柿糖等食用。在园林中可作四旁绿化、庭园及公园布置。

②**乌柿** *Diospyros cathayensis* Steward

【别名】蜡子树、木油树。

【识别特征】常绿或半常绿小乔木,高 10 m 左右,干短而粗;树冠开展,多枝,有刺;枝细长,直生,近黑色,有短柔毛。叶薄革质,长圆状披针形,暗绿色,两面被柔毛,背面尤密。浆果扁球形或卵圆形,径 1.5 ~ 3 cm,无光泽,幼果密生毛,老时毛少并有黏胶物渗出。花期 4—5 月,果期 8—10 月。

图 5.182　乌柿

【分布】原产于我国长江流域,现分布于四川、湖北、湖南及广东等地。

【习性】喜阴湿,生于湿润疏林中及山谷林缘,耐旱、耐寒性不强,忌暴晒,要求深厚肥沃、排水良好的土壤。

【繁殖】分株、压条或播种繁殖。

【观赏与应用】花、果美丽,宜植于庭园观赏,或用作盆景素材,尤以川派盆景居多。

变种:

福州柿 *Diospyros cathayensis* Steward var. *foochowensis*(Metc. et Chen)S. Lee:本变种叶椭圆形、狭椭圆形以至倒披针形,下面中脉上常散生长伏柔毛。果柄纤细而长,宿存萼的裂片宽短,卵形。

55)木犀科 Oleaceae

本科 27 属,400 种,广布于温带和热带地区,我国有 12 属,178 种。南北各省均有分布。

(1)**木犀属** *Osmanthus* Lour.

本属约 30 种,分布于亚洲东南部和美洲。我国产 25 种及 3 变种,其中 1 种系栽培,主产南部和西南地区。

木犀 *Osmanthus fragrans*(Thunb.)Lour.

【别名】桂花、九里香、金粟。

【识别特征】常绿乔木,高 3 ~ 5 m,最高可达 18 m;树皮灰褐色,不裂。小枝黄褐色,无毛。叶片革质,长椭圆形,先端渐尖,基部渐狭呈楔形,缘具疏齿或近全缘;聚伞花序簇生于叶腋,花梗细而短;花小、花冠白色,浓香;核果椭圆形,呈紫黑色。花期 9—10 月上旬,果期翌年 3 月。

木犀

图5.183　木犀

【分布】我国西南部、四川、陕南、云南、广西、广东、湖南、湖北、江西、安徽、河南等地均有野生桂花生长,现广泛栽种于淮河流域及以南地区。

【习性】喜光,也耐半阴,喜温暖和通风良好的环境,不耐寒,对土壤要求不严,但以排水良好、富含腐殖质的沙壤土为最好。淮河以南可露地栽培,华北常盆栽,冬季入室内防寒。因花色、花期不同,可分为金桂、银桂、丹桂、四季桂等。

【繁殖】播种、嫁接、扦插或压条繁殖。

【观赏与应用】香飘数里,为人喜爱,是优良的庭园观赏树,宜孤植、对植,也可成丛成片栽植。

（2）**女贞属** *Ligustrum* Linn.

本属约45种,我国产29种,1亚种,9变种,1变型,其中2种系栽培,尤以西南地区种类最多,约占东亚总数的1/2。

①**女贞** *Ligustrum lucidum* Ait.

【别名】白蜡树、冬青、蜡树、青蜡树。

【识别特征】常绿灌木或乔木,高可达25 m;树皮灰褐色。小枝无毛。叶对生,卵形至卵状长椭圆形,先端尖,革质而有光泽,无毛,侧脉6~8对;花白色,顶生圆锥花序;核果椭球形,蓝紫色。花期6—7月,果期7月至翌年5月。

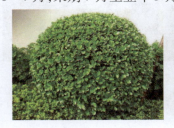

图5.184　女贞

【分布】原产于中国,广泛分布于长江流域及以南地区,华北、西北地区也有栽培。

【习性】喜光,稍耐阴,喜温暖湿润气候,稍耐寒,对有毒气体抗性强,耐修剪。

【繁殖】播种繁殖。

【观赏与应用】枝干扶疏,枝叶茂密,树形整齐,是园林中常用的观赏树种,可于庭院孤植或丛植,也可作行道树,有时可作绿篱。

②小蜡 *Ligustrum sinense* Lour.

【别名】山指甲、水黄杨、毛叶丁香。

【识别特征】常绿灌木或小乔木,高2~4(~7)m;小枝及叶背被绒毛。叶片纸质或薄革质,椭圆形或卵状椭圆形,长2~7 cm,顶端锐尖或钝,基部圆形或宽楔形,背面中脉有短柔毛。圆锥花序,花白色,有时微带紫色,花梗明显。核果近圆形,熟时蓝紫色。花期3—6月,果期9—12月。

图5.185　小蜡

【分布】我国长江流域及以南地区。

【习性】喜光,稍耐阴,较耐寒,耐修剪。抗SO_2等多种有毒气体。对土壤湿度较敏感,干燥瘠薄地生长发育不良。

【繁殖】播种、扦插繁殖。

【观赏与应用】本种有多个变种,常植于庭园观赏,丛植林缘、池边、石旁,也可作绿篱、树桩盆景等。

③小叶女贞 *Ligustrum quihoui* Carr.

【别名】小白蜡树、小女贞、小叶冬青。

【识别特征】落叶灌木,高1~3 m。小枝淡棕色,圆柱形,密被微柔毛,后脱落。叶片薄革质,形状和大小变异较大。圆锥花序顶生,近圆柱形;果倒卵形、宽椭圆形或近球形,呈紫黑色。花期5—7月,果期8—11月。

图5.186　小叶女贞

【分布】产于陕西南部、山东、江苏、安徽、浙江、江西、河南、湖北、四川、贵州西北部、云南、西藏察隅。

【习性】喜光照,稍耐荫,较耐寒,华北地区可露地栽培;对二氧化硫、氯等毒气有较好的抗性。性强健,耐修剪,萌发力强。生沟边、路旁或河边灌丛中,或山坡,海拔100~2 500 m。

【繁殖】播种,扦插,分株。

【观赏与应用】主要作绿篱栽植;其枝叶紧密、圆整,庭院中常栽植观赏;抗多种有毒气体,是优良的抗污染树种。为园林绿化中重要的绿篱材料,亦可作桂花、丁香等树的砧木。

④金森女贞 *Ligustrum japonicum* 'Howardii'

【别名】哈娃蒂女贞。

【识别特征】常绿灌木或小乔木,植株1.2 m以下,枝叶稠密;叶对生,单叶卵形,革质、厚实、有肉感。春季新叶鲜黄色,冬季转成金黄色;花白色,圆锥状花序。果实呈紫黑色,椭圆形。花期6—7月,果期10—11月。

图5.187　金森女贞

【分布】原产于日本,中国各地广泛分布。

【习性】金森女贞喜温暖湿润气候、耐寒、耐瘠薄、喜光、耐半阴、耐高温、喜中性、酸性和偏碱性及疏松肥沃、通透性良好的沙壤土。

【繁殖】扦插繁殖。

【观赏与应用】叶色金黄,株形美观,长势强健,萌发力强,叶片宽大,叶片质感良好,株形紧凑,是非常好的自然式绿篱材料;抗病力强,能吸收空气中大量的粉尘及有害气体,净化空气。

(3)丁香属 *Syringa* Linn.

　　本属约19种,不包括自然杂交种,东南欧产2种,日本、阿富汗各产1种,喜马拉雅地区产1种,朝鲜和我国共具1种、1亚种、1变种,其余均产我国,主要分布于西南及黄河流域以北各省区,故我国素有丁香之国之称。

紫丁香 *Syringa oblata* Lindl.

欧丁香

【别名】丁香、华北紫丁香、紫丁白。

【识别特征】落叶灌木或小乔木,高达4～5 m;树皮灰褐色或灰色,小枝粗壮,无毛。叶对生,叶片革质或厚纸质,卵圆形至肾形,宽通常大于长,宽5～10 cm,先端渐尖,基部近心形,全缘,两面无毛。花冠紫色,花筒细长,成密集圆锥花序;蒴果长卵形,顶端尖,光滑;种子有翅。花期4—5月,果期6—10月。

图5.188　紫丁香

【分布】产于东北、华北、西北(除新疆)至西南等地。生山坡丛林、山沟溪边、山谷路旁及滩地水边,海拔300~2 400 m。长江以北庭院普遍栽培。

【习性】喜光,稍耐阴,阴处或半阴处生长衰弱,开花稀少。喜温暖、湿润,有一定的耐寒性和较强的耐旱力。对土壤要求不严,耐瘠薄,喜肥沃、排水良好的土壤,忌在低洼地种植,积水会引起病害,直至全株死亡。

【繁殖】播种、扦插、嫁接、分株和压条繁殖。

【观赏与应用】植株丰满秀丽,枝叶茂密,且具独特的芳香,常丛植于建筑前、茶室凉亭周围,散植于园路两旁、草坪之中,也可配置专类园、盆栽及作切花等。

(4)连翘属 *Forsythia* Vahl

本属约11种,除1种产欧洲东南部外,其余均产亚洲东部,尤以我国种类最多,现有7种、1变型,其中1种系栽培。

①连翘 *Forsythia suspensa* (Thunb.) Vahl

【别名】黄花条、连壳、青翘、落翘、黄奇丹、一串金。

【识别特征】落叶灌木,高达3 m;枝开展或下垂,棕色、棕褐色或淡黄褐色,小枝土黄色或灰褐色,枝细长并开展呈拱形下垂,节间中空,略呈四棱形,皮孔多而显著;叶通常为单叶,或3裂至三出复叶,叶片卵形或卵状椭圆形,缘有齿;花亮黄色,花常单生;花期3—4月,果期7—9月。

图5.189　连翘

【分布】我国各地广泛分布，日本也有栽培。常生于山坡灌丛、林下或草丛中。

【习性】喜光，稍耐阴；喜温暖、湿润气候，耐寒；耐干旱瘠薄，忌涝；不择土壤，在中性、微酸或碱性土壤中均能正常生长。

【繁殖】常用播种、扦插、分株、压条法繁殖。

【观赏与应用】树姿优美、生长旺盛，盛开时满枝金黄，芬芳四溢，令人赏心悦目，是早春优良观花灌木，可做成花篱、花丛、花坛等。

②金钟花 *Forsythia viridissima* Lindl.

【别名】黄金条、金铃花、迎春条。

【识别特征】落叶灌木，高1.5～3 m；全株除花萼裂片边缘具睫毛外，其余均无毛。茎丛生，枝直立性较强，绿色，呈四棱形，皮孔明显，枝髓薄片状；单叶对生，长椭圆形，基部楔形，中下部全缘，中部以上有锯齿，中脉及支脉在叶面上凹入，在叶背隆起；花金黄色，裂片较狭长，花1～3朵腋生。蒴果卵球形，先端嘴状。花期3—4月，先叶开放，果期8—11月。

图5.190　金钟花

【分布】原产于东南欧。主产于我国长江流域，华北各省普遍有栽培，东北、西北以及江苏各地也有栽培。

【习性】喜光照，又耐半阴；还耐热、耐寒、耐旱、耐湿；在温暖湿润、背风面向阳处，生长良好。在黄河以南地区夏季不需遮阴，冬季无须入室。对土壤要求不严，盆栽要求疏松肥沃、排水良好的沙质土。多生长在海拔500～1 000 m的沟谷、林缘与灌木丛中。

【繁殖】以扦插为主，也可压条、分株、播种繁殖。

【观赏与应用】先叶而花，金黄灿烂，可丛植于草坪、墙隅、路边、树缘、院内庭前等处，丛植、片植均可。

(5)流苏树属 *Chionanthus* Linn.

本属共2种，1种产北美，1种产我国以及日本和朝鲜。

流苏树 *Chionanthus retusus* Lindl. et Paxt.

【别名】萝卜丝花、牛筋子、乌金子、茶叶树、四月雪。

【识别特征】落叶灌木或乔木，高6～20 m；树干灰色，大枝树皮常纸状剥裂。单叶对生，近革质，卵形至倒卵状椭圆形，长3～12 cm，先端常钝圆或微凹，全缘或偶有小齿，背面中脉基部有毛，叶柄基部常带紫色。花单性异株，宽圆锥花序，白色，花冠4裂片狭长，长1.5～3 cm，核果椭球形，熟时蓝黑色；花期3—6月，果期6—11月。

图 5.191　流苏树

【分布】产于我国黄河中下游及其以南地区。

【习性】喜光,喜温暖气候,也耐寒;生长较慢。

【繁殖】播种、扦插或嫁接繁殖。

【观赏与应用】初夏开花,满树雪白,清丽可爱,宜丛植或在路旁、水池旁、建筑物周围散植观赏。

(6)素馨属 *Jasminum* Linn.

　　本属约 200 余种,我国产 47 种,1 亚种,4 变种,4 变型,其中 2 种系栽培,分布于秦岭山脉以南各省区。

迎春花 *Jasminum nudiflorum* Lindl.

【别名】小黄花、金腰带、黄梅、清明花。

【识别特征】落叶灌木,直立或匍匐,高 0.3 ~ 5 m;枝细长拱形,光滑无毛,小枝四棱形,棱上多少具狭翼。叶对生,三出复叶,小枝基部常具单叶,叶卵形至矩圆形。花单生在去年生的枝条上,先叶开放,有清香,黄色,花期 6 月。

图 5.192　迎春花

【分布】产于我国甘肃、陕西、四川、云南西北部、西藏东南部。现世界各地普遍有栽培。

【习性】喜光,稍耐阴,略耐寒,怕涝,在华北地区和鄢陵均可露地越冬,要求温暖而湿润的气候,疏松肥沃和排水良好的沙质土,在酸性土中生长旺盛,碱性土中生长不良。根部萌发力强。枝条着地部分极易生根。

【繁殖】以扦插繁殖为主,也可压条、分株繁殖。

【观赏与应用】可栽植于路旁、山坡及窗户下墙边,或作花篱、地被,也可植于岩石园内。

(7)梣属 *Fraxinus* Linn.

　　本属约60余种,大多数分布在北半球暖温带,少多伸展至热带森林中。我国产27种,1变种,其中1种系栽培,遍及各省区。

白蜡树 *Fraxinus chinensis* Roxb.

【别名】青梻木,白荆树、梣。

【识别特征】白蜡树为落叶乔木,高10~12 m;树皮灰褐色,纵裂。芽阔卵形或圆锥形,被棕色柔毛或腺毛。小枝黄褐色,粗糙,无毛或疏被长柔毛,旋即秃净,皮孔小,不明显。羽状复叶长15~25 cm,小叶5~7枚,硬纸质、卵形、倒卵状长圆形至披针形,叶缘具整齐锯齿;圆锥花序顶生或腋生枝梢,翅果匙形,坚果圆柱形,宿存萼紧贴于坚果基部,常在一侧开口深裂。花期4—5月,果期7—9月。

图5.193　白蜡树

【分布】中国南北各省区常见,多为栽培。越南、朝鲜也有分布。

【习性】阳性树种,喜光,对土壤的适应性较强,在酸性土、中性土及钙质土上均能生长,耐轻度盐碱,喜湿润、肥沃和砂质和砂壤质土壤。生于海拔800~1 600 m山地杂木林中。

【繁殖】播种繁育。

【观赏与应用】干形通直,树形美观,抗烟尘、二氧化硫和氯气,是工厂、城镇绿化美化的好树种。

56)夹竹桃科 Apocynaceae

　　本科约250属,2 000种,分布于热带、亚热带地区,少数在温带地区。我国46属176种,主要分布于长江以南各省区。

(1)夹竹桃属 *Nerium* L.

　　本属约4种,分布于地中海沿岸及亚洲热带、亚热带地区。我国引入栽培2种,多分布于长江流域以南地区。

夹竹桃 *Nerium indicum* Mill.

【别名】洋桃、红花夹竹桃、柳叶桃树。

【识别特征】常绿直立大灌木,高达5 m。叶革质,窄披针形,长11~15 cm,中脉显著,侧脉密生而平行,叶缘略反卷。花冠深红色、粉红色或白色,单瓣5枚,有时重瓣15~18枚。蓇葖果,长12~20 cm。花期6—10月。

图5.194　夹竹桃

【分布】我国长江以南各地广为栽植,北方栽培需在温室越冬。

【习性】喜光,喜温暖湿润气候,不耐寒,耐旱力强,对土壤适应性强;抗烟尘及有毒气体能力强;萌蘖性强,耐修剪;病虫害少,生命力强。

【繁殖】以扦插和分株繁殖为主。

【观赏与应用】枝叶繁茂,四季常青,花期极长,姿态优美,花色艳丽,有特殊香气,适应性强,耐烟尘,抗污染,是工厂区、隔离带等生长条件较差地段绿化的极好树种。

(2)鸡蛋花属 *Plumeria* L.

本属约7种,原产于美洲热带地区。现广植于亚洲热带及亚热带地区。我国南部、西南部及东部均有栽培1种及1栽培变种。

鸡蛋花 *Plumeria rubra* L. ' Acutifolia'

【别名】缅栀子、大季花。

【识别特征】小乔木,高达5 m。枝条粗壮,带肉质,无毛,具丰富乳汁。叶厚纸质,长圆状倒披针形,顶端急尖,基部狭楔形,叶面深绿色;中脉凹陷,侧脉扁平,叶背浅绿色。聚伞花序顶生,肉质,被老时逐渐脱落的短柔毛;花冠深红色,花冠筒圆筒形。花期3—9月,果期栽培极少结果,一般为7—12月。

图5.195　鸡蛋花

【分布】原产于南美洲,现广植于亚洲热带和亚热带地区。我国南部有栽培,常见于公园,植物园栽培观赏。

【习性】性喜高温、湿润和阳光充足的环境,但也能在半阴的环境下生长。耐干旱,忌涝渍,抗逆性好。耐寒性差,最适宜生长的温度为20~26℃,越冬期间长时间低于8℃易受冷害。

【繁殖】压条、种子、嫁接及扦插繁殖。

【观赏与应用】树形美观,香气宜人,具有极高的观赏价值。可孤植、丛植、临水点缀等。

（3）黄蝉属 *Allamanda* L.

　　本属有15种，产于亚洲和非洲东部。我国有3种，主要分布于华南和西南。

黄蝉 *Allemanda neriifolia* Hook.

【别名】 黄莺、硬枝黄蝉、黄兰蝉。

【识别特征】 直立灌木，高1～2 m，具乳汁；枝条灰白色。叶轮生，全缘，椭圆形或倒卵状长圆形，长6～12 cm，宽2～4 cm，先端渐尖或急尖，基部楔形，叶面深绿色，叶背浅绿色；聚伞花序顶生，花橙黄色。蒴果球形，具长刺。花期5—8月，果期10—12月。

图5.196　黄蝉

【分布】 黄蝉原产于巴西，广泛栽培于热带美洲地区，中国也有引入栽培，分布于江西、广东、广西、海南、云南、台湾。

【习性】 性喜温暖湿润和阳光充足的环境；生长期可充分浇水，空气干燥需向植株喷水，休眠期需控制水量。

【繁殖】 播种或扦插繁殖。

【观赏与应用】 植株浓密，叶色碧绿。花朵明快灿烂，盛花时金华满盖，富丽堂皇。宜于盆栽，也可群植或做花篱。

57）马鞭草科 Verbenaceae

　　本科约80属，3 000种，主要分布于热带、亚热带地区，少数至温带。我国21属，约180种，各地均有分布，主产于长江流域以南。

（1）大青属 *Clerodendrum* L.

　　本属约400种，分布于热带和亚热带，少数分布于温带。中国34种6变种，大多分布在西南、华南地区。

海州常山（臭梧桐）*Clerodendrum trichotomum* Thunb.

【别名】 臭梧桐、泡花桐、矮桐子。

【识别特征】 落叶灌木或小乔木，高1.5～10 m。幼枝、叶柄、花序轴有黄褐色柔毛。叶阔卵形，长5～16 cm，全缘或有波状齿，幼时两面有毛、老时上面无毛。顶生或腋生伞房状聚伞花序，花萼紫红色，5裂至基部，中部略膨大；花冠白色或粉红色。核果球形，蓝紫色，包藏于增大的紫红色宿萼内。花果期6—11月。

【分布】 华北、华东、中南、西南各省区。

【习性】 喜光，稍耐阴，有一定耐寒性，对土壤要求不严，耐旱也耐湿；对有害气体抗性较强。

【繁殖】 以播种和扦插繁殖为主。

【观赏与应用】 花果美丽，观赏期长，是良好的观赏花木，适宜配置于各类绿地。

图 5.197　海州常山

（2）马缨丹属 *Lantana* L.

本属约 150 种，主产于热带美洲。中国引入栽培 2 种。

马缨丹 *Lantana camara* L.

【别名】七变花、臭草、五色梅。

【识别特征】常绿半藤状灌木，高达 1~2 m，全株有毛。小枝有倒钩状皮刺。叶卵形至卵状长圆形，长 3~9 cm，揉碎有强烈气味。头状花序腋生，有长总梗；花冠初为黄色或粉红色，渐变为橙黄色或橘红色，最后转为深红色。果实球形，熟时紫黑色。

图 5.198　马缨丹

【分布】原产于美洲热带地区。华南有栽培并已呈野生状态。

【习性】喜温暖湿润、向阳，在南方各省均可露地栽植，长江流域和华北地区常作盆栽，温室越冬。

【繁殖】播种、扦插繁殖均可。

【观赏与应用】花美丽奇特，南方各地常在庭院中栽培观赏，或作开花地被，北方盆栽观赏。

58）茄科 Solanaceae

约 30 属 3 000 种，广泛分布于温带及热带地区。我国产 24 属 105 种，35 变种。

枸杞属 *Lycium* L.

本属约 80 种，主要分布在南美洲，少数种类分布于欧亚大陆温带；我国产 7 种 3 变种，主要分布于北部。

木本曼陀罗

枸杞 *Lycium chinense* Mill.

【别名】狗牙子、枸杞菜、狗奶子。

【识别特征】多分枝灌木，枝条细弱，弓状弯曲或俯垂，淡灰色，有纵条纹，生叶和花的棘刺较长，小枝顶端锐尖成棘刺状。叶纸质或栽培者质稍厚，单叶互生或 2~4 枚簇生，卵形、卵状菱形、长椭圆形、卵状披针形，顶端急尖，基部楔形。花在长枝上单生或双生于叶腋，在短枝上则同叶簇生；裂片多少有缘毛；花冠漏斗状，淡紫色。浆果红色，卵状，栽培者可成长矩圆状或长椭圆状，顶端尖或钝。种子扁肾脏形，黄色。花果期 6—11 月。

图5.199　枸杞

【分布】原产于我国,大部分省区均有分布。

【习性】喜阳和温暖,耐阴,较耐寒。对土壤要求不严,喜排水良好的石灰质土壤。耐旱力和耐寒性较强,忌黏质土和低湿。

【繁殖】播种、扦插、分株和压条繁殖,扦插繁殖在早春或梅雨期均可(长江流域)。

【观赏与应用】优良的观果树种,果实可药用。

59)紫草科 Boraginaceae

本科约100属,2 000种,分布于世界的温带和热带地区,地中海区为其分布中心。我国有48属,269种,遍布全国,但以西南部最为丰富。

厚壳树属 *Ehretia* L.

本属约50种,大多分布于非洲、亚洲南部,美洲有极少量分布。我国有12种1变种,主产长江以南各省区。

厚壳树 *Ehretia thyrsiflora*（Sieb. et Zucc.）Nakai

【识别特征】落叶乔木,高3~10 m。树皮暗灰色,不整齐纵裂。小枝无毛,初绿色,后变成灰褐色,有显著皮孔。叶纸质,椭圆形、狭倒卵形或长椭圆形,长7~16 cm,宽3.5~8 cm,先端尖或渐尖,基部楔形、圆形至近心形,边缘有细锯齿。圆锥花序,顶生或腋生,长达20 cm,疏生短毛,花密集,有香气;花钟状,长1.5 mm,浅裂,裂片圆形,花冠白色,核果橘红色,近球形。花期4月,果期7月。

图5.200　厚壳树

【分布】山东沂蒙山、河南各山区;华东、华中和西南各地均有栽培。

【习性】喜湿润的溪边或山地,性耐寒。

【繁殖】播种或分蘖繁殖。

【观赏与应用】枝叶繁茂,可作庭院绿化用;叶和果可制作土农药。

60)玄参科 Scrophulariaceae

本科约200属,3 000种,广布全球。中国约60属,600种,南北各地均有分布。

泡桐属 *Paulownia* Sieb. et Zucc.

本属约7种,均产于中国,除东北、西北北部和海南外,分布全国;越南、老挝、朝鲜、日本也有分布。

毛泡桐(紫花泡桐) *Paulownia tomentosa*（Thunb.）Steud.

【**别名**】泡桐叶,泡桐子,桐子树。

【**识别特征**】落叶乔木,高达 20 m,树冠丰满,小枝皮孔明显,密被黏腺毛。叶阔卵形或卵形,长 12～30 cm,基部心形,全缘或 3～5 裂;表面被长柔毛和腺毛,背面密被有长柄的白色分枝毛,幼叶有黏腺毛。花蕾球形,密被黄色星状毛;顶生圆锥花序;花萼裂至中部;花冠漏斗状钟形,长 5～7 cm,鲜紫色或蓝紫色,内有紫斑及黄色条纹。蒴果卵形,长 3～4 cm。花期 4—5 月,果期 8—9 月。

毛泡桐

图 5.201　毛泡桐

【**分布**】我国淮河至黄河流域,北方各省普遍有栽培;朝鲜、日本也有分布。

【**习性**】喜光,不耐阴,耐寒,耐旱,怕积水;根系发达,生长迅速。

白花泡桐

【**观赏与应用**】树干端直,树冠宽大,叶大荫浓,春季紫花满树。宜作行道树、庭荫树、四旁绿化树。材质轻软,是重要的速生经济用材优良树种。

61）紫葳科 Bignoniaceae

本科约 120 属,650 种,主产于热带、亚热带地区,少数分布于温带。我国 12 属,35 种,南北均有分布。

黄金树

(1) 梓属 *Catalpa* Scop.

本属 13 种,产亚洲东部及美洲。我国 4 种,从北美引入栽培 3 种,主要分布于长江和黄河流域。

①梓 *Catalpa ovata* G. Don

【**别名**】木角豆、黄花楸、雷电木。

【**识别特征**】落叶乔木,高达 15 m。树冠开展,树皮纵裂。叶对生或三叶轮生,广卵形,长 10～25 cm,通常 3～5 浅裂,脉腋有紫斑。圆锥花序顶生,具花多达 100～130 朵;花冠淡黄色,长约 2 cm,内面有黄色条纹及紫色斑点。蒴果细长如筷,长 20～35 cm,冬季宿存。花期 5—6 月,果期 9—10 月。

图 5.202　梓

【分布】原产于我国,分布广泛,以黄河中下游平原为中心产区。

【习性】喜光,稍耐阴,耐寒,喜肥沃湿润、排水良好的土壤,不耐干旱瘠薄;抗污染能力强,生长较快。

【繁殖】以播种繁殖为主。

【观赏与应用】树冠宽大,叶大荫浓,花大而美丽,花期长,果形奇特,可作行道树、庭荫树。

②楸 *Catalpa bungei* C. A. Mey.

【别名】金丝楸、楸树。

【识别特征】落叶乔木,高 8 ~ 12 m。树冠开阔,树皮浅纵裂,小枝无毛。叶对生或轮生,三角状卵形,长 6 ~ 15 cm,先端尾尖,全缘,有时近基部有 1 ~ 2 对尖齿,两面无毛,脉腋有紫色腺斑。总状花序伞房状排列,顶生,具花 2 ~ 12 朵;花冠浅粉色,内面有紫色斑点。蒴果长 25 ~ 45 cm。花期 5—6 月,果期 6—10 月。

图 5.203　楸

【分布】我国黄河及长江流域各地。

【习性】喜光,喜温暖湿润气候,不耐严寒、干旱和水湿,喜肥沃、湿润、疏松的土壤;抗污染能力强,根蘖和萌芽力强,生长迅速。

【观赏与应用】树姿挺拔,冠大荫浓,花大而美丽,宜作庭荫树和行道树,也是优良的用材树种。

(2)蓝花楹属 *Jacaranda* Juss.

本属约 50 种,分布于热带美洲。我国引入栽培 2 种。

蓝花楹 *Jacaranda mimosifolia* D. Don

【别名】含羞草叶楹、蕨树、蓝雾树。

【识别特征】落叶乔木,高达 15 m。叶对生,椭圆状披针形至椭圆状菱形,长 6 ~ 12 mm,宽 2 ~ 7 mm,顶端急尖,基部楔形,全缘。花蓝色,花萼筒状,花冠筒细长,蓝色,下部微弯,上部膨大。蒴果木质,扁卵圆形,不平展。花期 5—6 月。

图 5.204　蓝花楹

【分布】原产南美洲巴西、玻利维亚、阿根廷。我国广东(广州)、海南、广西、福建、云南南部(西双版纳)、四川、重庆均有栽培。

【习性】性喜阳光充足和温暖、多湿气候,要求土壤肥沃、疏松、深厚、湿润且排水良好,低洼积水或土壤瘠薄则生长不良。不耐寒。若冬季气温低于15 ℃,则生长停滞,若低于3～5 ℃会发生冷害,夏季气温高于32 ℃,生长也会受到抑制。

【繁殖】播种、扦插繁殖。

【观赏与应用】蓝花楹是非常优良的观叶、观花树种。可作行道树、遮阴树以及风景树。

（3）风铃木属 *Handroanthus* Mattos

　　本属有15种,产于亚洲和非洲东部。我国有3种,主要分布于华南和西南。

黄花风铃木 *Handroanthus chrysanthus*（Jacq.）S. O. Grose

【别名】黄金风铃木、巴西风铃木、伊蓓树。

【识别特征】落叶或半常绿乔木,高4～6 m。树干直立,树冠圆伞形。掌状复叶对生,小叶4～5枚,倒卵形,有疏锯齿,被褐色细茸毛。花冠漏斗形,风铃状,皱曲,花色鲜黄。蒴葵果,向下开裂。春季3—4月开花。

图5.205　黄花风铃木

【分布】华南地区有栽培。

【习性】性喜高温,华南北部地区冬季需注意寒害,喜富含有机质之砂质壤土。

【繁殖】播种、扦插或高压法繁殖。

【观赏与应用】巴西国花。花色金黄明艳,花形如风铃,季相变化明显,是热带地区优良观花树种,亦是优良行道树,适于庭院、公园、住宅区、道路绿化,宜丛植、列植。

（4）黄钟花属 *Stenolobium*

　　本属有15种,产于亚洲和非洲东部。我国有3种,主要分布于华南和西南。

黄钟花

62）茜草科 Rubiaceae

　　本科约500属,6 000种,主产于热带和亚热带地区,少数分布于温带。我国98属,676种,大部分产于西南部至东南部。

（1）栀子属 *Gardenia* Ellis,nom. cons.

　　本属约250种,分布于热带和亚热带地区。我国5种,分布于西南至东部地区。

栀子 *Gardenia jasminoides* Ellis

【别名】黄栀子,黄栀,山栀子。

【识别特征】常绿灌木,高0.3～3 m。小枝绿色,有毛。单叶对生或3叶轮生,叶椭圆形至倒卵状长椭圆形,长3～25 cm,全缘,革质,有光泽。花单生枝顶;花萼5～7裂;花冠高脚碟形,白色,常6裂,浓香。浆果,长2～4 cm,具5～8条纵棱,顶端有宿存萼片。花期3—7月,果期5月至翌年2月。

图5.206　栀子

【分布】我国中部及东南部地区。

【习性】喜光,耐阴,喜温暖湿润气候,不耐寒,喜肥沃、排水良好的酸性土壤,较耐干旱瘠薄;抗有害气体能力强,萌芽力强,耐修剪。

【繁殖】以扦插、压条为主,也可分株、播种繁殖。

【观赏与应用】叶色亮绿,四季常青,花大洁白,芳香馥郁,为良好的绿化、美化、香化的材料,可丛植或片植于各类绿地中,也常作花篱或盆栽观赏。

(2)**白马骨属** *Serissa* Comm. ex A. L. Jussieu

本属本属2种,分布于我国和日本。

六月雪 *Serissa japonica*（Thunb.）Thunb.

【别名】满天星、喷雪花、白丁花。

【识别特征】常绿或半常绿小灌木,高60～90 cm。分枝繁多,小枝绿色,被柔毛。单叶对生或簇生状,长椭圆形,长7～15 mm,全缘,叶脉、叶缘及叶柄上有白色毛。花小,单生或数朵簇生;花萼裂片三角形;花冠白色或淡粉紫色,长约1 cm。核果小,球形。花期5—6月,果期8—9月。

图5.207　六月雪

【分布】我国东南部和中部各省区;日本也有。

【习性】喜阴湿、温暖,不耐寒,不耐强光和干燥,对土壤要求不严,喜肥;萌芽力强,耐修剪。

【繁殖】以扦插为主。

【观赏与应用】树形纤巧秀气,枝叶细密,夏季白花满树,适宜用作花坛、花境、花篱和下木,或点缀于山石间,是制作盆景的好材料。

63)**忍冬科 Caprifoliaceae**

本科13属,500种,分布于北温带至热带。我国12属,200余种,大多分布于华中和西南各省、区。

(1)**锦带花属** *Weigela* Thunb.

本属约10余种,主要分布于东亚和美洲东北部。我国有2种,另有庭园栽培者1～2种。

锦带花 *Weigela florida* (Bunge) A. DC.

【别名】海仙花、空枝子、五色海棠。

【识别特征】落叶灌木,高达3 m。小枝有2棱,幼时具2列柔毛。叶椭圆形或卵状椭圆形,长5～10 cm,叶表面无毛或仅中脉有毛,背面脉上显具柔毛。花1～4朵,成聚伞花序,腋生或顶生;萼5裂,中部以下合生,裂片披针形;花冠玫瑰红色,漏斗形,5裂。蒴果柱状。花期4—5(6)月,果期10月。

图5.208　锦带花

【分布】我国东北、华北及华东北部;朝鲜、日本、俄罗斯也有分布。

【习性】喜光,耐寒,对土壤要求不严,耐瘠薄,怕水涝;对HCl的抗性较强;萌芽、萌蘖力强,生长迅速。

【繁殖】以扦插为主,也可压条和分株繁殖。

【观赏与应用】枝繁叶茂,花色艳丽,是北方重要的观花灌木,适于庭院角隅、湖畔、路边、树丛下、林缘、山坡等处丛植,也适宜片植。

(2)六道木属 *Abelia* R. Br.

　　约20余种,分布于中国、日本、中亚及墨西哥。我国有9种。

六道木 *Abelia biflora* Turcz.

【别名】六条木、鸡骨头。

【识别特征】落叶灌木,高1～3 m。老枝具6条纵棱,幼枝被倒刺毛。叶长椭圆形至披针形,长2～6 cm,全缘或疏生粗齿,两面被短柔毛;叶柄基部膨大,具刺毛。花2朵成对着生于侧枝顶;花萼4裂,疏生短刺毛;花冠高脚碟形,4裂,白色、淡黄色或带浅红色,被短柔毛和刺毛;瘦果常弯曲,顶端有4枚增大的宿存萼片。花期5月,果期8—9月。

图5.209　六道木

【分布】我国北部山地。

【习性】耐阴,耐寒,喜湿润土壤;生长缓慢。

【繁殖】以扦插为主。

【观赏与应用】花叶秀美,可配置在林下、庭院角隅、石隙及建筑背阴面等光照较弱处,也可作岩石园材料;是北方山区水土保持树种。

（3）荚蒾属 *Viburnum* Linn.

　　本属全世界约有200种,分布于温带和亚热带地区;亚洲和南美洲种类较多。我国约有74种,分布于全国各省区,以西南部种类最多。

欧洲荚蒾

①**绣球荚蒾** *Viburnum macrocephalum* Fort.

【**别名**】木绣球、绣球、八仙花。

【**识别特征**】落叶或半常绿灌木,高达4 m。树冠球形,枝开展,裸芽,幼枝及叶背面密被星状毛。单叶对生,卵形至卵状椭圆形,长5～11 cm,先端钝,缘具细锯齿。大型聚伞花序球状,形如绣球,径15～20 cm,全为不育花组成;花萼无毛,花冠白色。花期4—5月,不结果。

图5.210　绣球荚蒾

【**分布**】长江流域,南北各地都有栽培。

【**习性**】喜光,稍耐阴,喜温暖,华北南部可露地栽培,对土壤要求不严,以湿润、肥沃、排水良好的壤土为宜;萌芽、萌蘖力强。

【**繁殖**】以扦插繁殖为主。

【**观赏与应用**】树枝开展,繁花满树,花序大如绣球,极为美观。其变型琼花,花序如盘,边缘白色不育花宛如群蝶起舞,美丽可爱;江南园林中常见栽培,可丛植或群植,均十分相宜。

②**珊瑚树** *Viburnum odoratissimum* Ker-Gawl.

【**别名**】珊瑚树、早禾树。

日本珊瑚树

【**识别特征**】常绿灌木或小乔木,高达10～15 m。叶倒卵状矩圆形至矩圆形,顶端钝或急狭而钝头,基部宽楔形,边缘常有较规则的波状浅钝锯齿。圆锥花序,通常生于具两对叶的幼枝顶。果核通常倒卵圆形至倒卵状椭圆形。花期5—6月,果熟期9—10月。

图5.211　珊瑚树

【**分布**】产浙江(普陀、舟山)和台湾。长江下流各地常见栽培。

【**习性**】喜温暖湿润性气候,喜光耐阴。

【繁殖】播种、扦插繁殖,高压静电场全光雾扦插生根后穴盘移栽为最适宜的育苗方式。

【观赏与应用】根系发达,萌芽力强,耐修剪,易整形,是理想的园林绿化树种,对煤烟和有毒气体具有较强的抗性和吸收能力,尤其适合于城市作绿篱、绿墙或园景丛植,是机场、高速路、居民区绿化、厂区绿化、防护林带、庭院绿化的优选树种。

(4)**接骨木属** *Sambucus* Linn.

　　本属约 20 种,产于温带和亚热带地区。我国有 4~5 种。

接骨木 *Sambucus williamsii* Hance

【别名】九节风、续骨草、木蒴藋。

【识别特征】落叶灌木至小乔木,高达 6 m。枝无毛,密生皮孔,具明显的长椭圆形皮孔,髓部淡褐色。羽状复叶有小叶 2~3 对,侧生小叶片卵圆形、狭椭圆形至倒矩圆状披针形,叶搓揉后有臭气;托叶狭带形。花与叶同出,圆锥形聚伞花序顶生,具总花梗,花序分枝多成直角开展;花小而密;花冠蕾时带粉红色,开后白色或淡黄色,筒短,裂片矩圆形或长卵圆形。果实红色,卵圆形或近圆形。花期一般 4—5 月,果熟期 9—10 月。

图 5.212　接骨木

【分布】我国南北各地。

【习性】性强健,喜光,耐寒,耐旱;根系发达,萌蘖力强。

【繁殖】以扦插繁殖为主。

【观赏与应用】枝叶繁茂,春季白花满树,夏季红果累累,是良好的观赏树种,宜植于各类园林绿地观赏。

(5)**忍冬属** *Lonicera* Linn

　　本属约 200 种,产北美洲、欧洲、亚洲和非洲北部的温带和亚热带地区,在亚洲南达菲律宾群岛和马来西亚南部。我国有 98 种,广布于全国各省区,而以西南部种类最多。

金银木(金银忍冬) *Lonicera maackii* (Rupr.) Maxim.

【别名】王八骨头、金银木、金银花。

【识别特征】落叶灌木,高达 6 m。小枝髓黑褐色,后变中空。叶卵状椭圆形或卵状披针形,全缘,两面疏生柔毛,先端渐尖。花成对腋生,总花梗短于叶柄,苞片线形;花冠 2 唇形,先白色后黄色,芳香。浆果球形,红色。花期 5—6 月,果期 8—10 月。

【分布】我国东北、华北、西北、长江流域及西南;俄罗斯、朝鲜、日本也有分布。

【习性】喜光,也耐阴,耐寒,耐旱,喜湿润肥沃的土壤;性强健,病虫害少。

【繁殖】以扦插繁殖为主。

图 5.213　金银木

【观赏与应用】树形丰满,初夏花开芳香,秋季红果满枝,是良好的观花、观果灌木,可孤植、丛植于林缘、草坪、水边。

64) 蓝果树科 Nyssaceae

本科 3 属,12 种;我国 3 属,8 种。

(1) 喜树属 *Camptotheca* Decne.

本属仅 1 种,为我国所特产,属的特征见种的描述。

喜树 *Camptotheca acuminata* Decne.

【别名】旱莲木、千丈树。

【识别特征】落叶乔木,高达 20 余米。树皮灰色或浅灰色,纵裂成浅沟状。小枝圆柱形,平展;冬芽腋生。叶互生,纸质,矩圆状卵形或矩圆状椭圆形,顶端短锐尖,基部近圆形或阔楔形,全缘;叶柄上面扁平或略呈浅沟状,下面圆形。头状花序近球形,常由 2~9 个头状花序组成圆锥花序,顶生或腋生。花杂性,同株;翅果矩圆形,顶端具宿存的花盘,两侧具窄翅。花期 5—7月,果期 9 月。

图 5.214　喜树

【分布】产江苏南部、浙江、福建、江西、湖北、湖南、四川、贵州、广东、广西、云南等省区,在四川西部成都平原和江西东南部均较常见。

【习性】喜光,稍耐阴,喜温暖湿润气候,不耐寒。喜深厚、湿润、肥沃的土壤,较耐水湿而不耐干旱瘠薄。萌芽力强,速生,抗病能力强。

【繁殖】以播种繁殖为主。

【观赏与应用】树干通直,树冠开展而整齐,叶荫浓郁,根系发达,是良好的四旁绿化树种,也可营造防风林。

(2) 珙桐属 *Davidia* Baih

本属仅 1 种,我国西南部特产。

珙桐 *Davidia involucrata* Baill.

【别名】空桐、鸽子树。

【识别特征】落叶乔木,高 15~20 m;胸高直径约 1 m;树皮深灰色或深褐色,常裂成不规则的薄片而脱落。叶纸质,互生,无托叶,常密集于幼枝顶端,阔卵形或近圆形,顶端急尖或短急尖,基部心脏形或深心脏形,边缘有三角形而尖端锐尖的粗锯齿,上面亮绿色;两性花与雄花同株,矩圆状卵形或矩圆状倒卵形花瓣状的苞片,初淡绿色,继变为乳白色,后变为棕黄色而脱落。雄花无花萼及花瓣。果实为长卵圆形核果;花期 4 月,果期 10 月。

图 5.215　珙桐

【分布】湖北和湖南西部、四川东部、贵州和云南北部。产于海拔 1 500~2 200 m 的山林中。

【习性】半耐阴树种。喜温凉湿润气候,略耐寒;喜深厚、肥沃、湿润而排水良好的酸性至中性土壤,忌碱性和干燥土壤;不耐高温。

【繁殖】以播种繁殖为主。

【观赏与应用】树形高大端正,开花时白色的苞片远观似许多白色的鸽子栖息树端,蔚为奇观,故有"中国鸽子树"之美称,是世界著名珍贵的观赏树种。宜植于温暖地带的较高海拔地区的庭院、山坡、疗养所、宾馆、展览馆前作庭荫树,有象征和平的含义。

柽柳科　　百合科

实训 10　阔叶类园林树木的识别、标本的采集、鉴定与蜡叶标本的制作

1)目的与要求

(1)巩固并运用树木知识,掌握树木分类、标本采集、制作的基本方法。

(2)学会使用植物分类工具书;识别当地主要阔叶类园林树木 100 种。

2)材料与用具

(1)材料:标本采集地点选在具有不同生境,树木种类丰富,交通方便,离学校较近的植物园、森林公园等园林绿地。

(2)用具:教材、当地树木检索表、当地树木志或图谱、标本夹、标本纸、采集袋、标签、吸水纸、记录本、牛皮纸袋、针、线、扁锥、胶水、鉴定卡片、号牌若干、高枝剪、镐头或铲子、卷尺、海拔仪、手持放大镜、手机、照相机和防雨设备等。

3)方法步骤

(1)将班级进行分组,每小组 6~8 人为宜,明确分工,发放实习用品,以小组为单位领取:标本夹(2 副,配好标本绳)、标本纸(若干)、修枝剪(4 把)、记录笔(1 枝)、放大镜(1 个)、海拔仪(1 个)、记录夹(1 个)、记录纸(若干)、号牌(若干),每人自备教材和当地树木检索表。

(2)安排教学实习日程,明确实习目的,严格实习纪律,并集中介绍本地地理、气候、土地、植被概况及教材外有关种类,推荐有关工具书和资料。

(3)现场采集、拍照、识别、编号、记录和压制标本。

(4)在室内整理、翻倒标本,并进行分类鉴定、名录整理等工作。

（5）制作蜡叶标本，每组完成 20 个树种的蜡叶标本各 1～2 份。

（6）使用工具书，填写鉴定标签。

（7）在蜡叶标本的左上角贴上原始采集记录表，在右下角贴上鉴定标签。

4）作业

（1）以小组为单位，每组完成 100 个树种的识别照片 PPT 一个。以及 20 个树种蜡叶标本各 1～2 份。

（2）每人撰写实习报告，内容如下：指导老师，时间，地点，采集标本名录，代表种的识别、生态环境、分布、园林用途，收获和建议。

任务 3　观赏竹类识别及应用

[任务目的]

- 了解观赏竹类植物的特征和特性；
- 认识较为常见园林观赏竹类植物；
- 了解观赏竹类在园林绿化中的应用。

形态术语实例

1. 观赏竹类的特性及其在园林中的应用

1）观赏竹类的特征和特性

　　观赏竹是指具有特殊景观与审美价值的一类竹子，属禾本科竹亚科木本植物。植物体木质化，常呈乔木或灌木状。竿和各级分枝之节均可生 1 至数芽，以后芽萌发再成枝条，因而形成复杂的分枝系统；地下茎发达和木质化，或成为竹鞭在地中横走（单轴型），或以众多竿基和竿柄两者堆聚而成为单丛（合轴型），竿柄有节而无芽，它若作较长的延长时，称之为假鞭，此时地面竿则为多丛兼疏稀散生，如同时兼有上述两类型的地下茎，则称为复轴型，其地面竿自然为多丛性；新竿有其特殊的生长方式，即由地下茎（竹鞭或竿基）的芽向上出土而成新苗，俗称竹笋。叶二型，有茎生叶与营养叶之分；茎生叶单生在竿和大枝条的各节，相应地称为竿箨、枝箨，它们有颇为发达的箨鞘和较瘦小而无明显中脉的箨片，在两者间的联结处之向轴面还生有箨舌；营养叶二行排列互生于枝系中末级分枝（常称具叶小枝）的各节，并可形成类似复叶形式的同一面，其叶鞘常彼此重叠覆盖，相互包卷，叶鞘顶端还可生有叶舌、叶耳和鞘口缝毛等附属物，叶片具叶柄，中脉极显著，次脉及再次脉亦均明显，小横脉易见或否，叶柄简短，位于叶鞘顶端由内外两个叶舌所形成的杯状凹穴之内。竹花有外稃和内稃各 1 枚，向内包围着鳞被、雄蕊和雌蕊。竹果通常为颖果，也有坚果或浆果类型。

　　（1）竹的生物学特性　竹子的生物学特性是指竹子的生长发育规律。竹子的整个生命过程即竹地下茎的生长→竹笋出土→竹笋和幼林的生长→成林的生长→开花结实→衰老死亡。竹子包括营养生长和生殖生长两个阶段。

　　竹子的营养生长：即竹地下茎的生长→竹笋出土→竹笋和幼林的生长→成林的生长→花芽分化。竹子的营养生长具有周期长的特点。不同类型的竹的营养生长发育各有特点。如散生竹的共同特性是靠地下茎横走的竹鞭来扩大生长范围，并且在生长发育的过程中同时具有竹鞭、竹秆和竹林生长等不同阶段。竹鞭的生长都是由鞭梢的生长形成的,生长活动期为5~6个月,和发笋生长交替进行。丛生竹的地下茎无横走的竹鞭,新秆由秆柄母竹相连。由秆基粗大生根抽笋。竹秆生长包括竹笋的生长。竹笋的地下阶段生长漫,如毛竹从夏末到翌年初春。丛生竹如慈竹萌发抽笋3~4个月,夏6—7月发笋。出土前节数已定,主要是居间生长。秆形的生长初期缓慢,上升期时地下部分停止生长,根系逐步形成,竹笋的生长由地下转移为地上,生长由慢变快,进入旺盛生长期,此后基部笋箨开始脱落,上部枝条开始延伸,竹笋过渡到幼竹阶段,幼竹梢部弯曲,枝条伸展快,高生长停止,枝条全部长齐,竹叶开放。

竹子的生殖生长即竹子开花结实、周期较长的特点。竹子极难开花,有些竹子开花需30~40年,甚至百年。竹子开花一年四季都可发生。南方早于北方。竹子开花就预示竹子进入成熟和衰老的阶段。一般竹子开花后很快就会枯死。原有的竹林被破坏,要重新造林。

(2)竹的生态学特性　在我国竹类植物的自然分布区范围内,年平均气温为12~22 ℃,1月份平均气温为−5~10 ℃,极端最低气温可达−20 ℃。降水量在1 000~2 000 mm以上。竹子要求地势高燥,地下水位在1 m以下,背风向阳地,土层深厚、肥沃、疏松、排水和透气性良好,pH值为4.5~7的微酸性至中性砂质土,忌重黏土和易积水的低洼地。中国竹种依据对气候、土壤、地形等生态因子的适应能力,将中国竹类植物分布划分为丛生竹区、混生竹区、散生竹区、亚高山竹区4个分布区。

2)观赏竹类在园林中的应用

自古以来,因竹子具有四季常青,挺拔秀丽,枝繁叶茂,生长快速,品种多样,不容易开花,无花粉及果实的污染,无黏液及臭气、无刺,树体清洁,不影响环境,繁殖容易,易形成景观的生物学特性;具有调节气候、吸附粉尘、吸收有毒气体净化空气、减小噪声、水源涵养、水土保持、防风等功效,以及虚心自持,高风亮节,经冬不凋,神韵潇洒,展现出深厚的风韵美,颇受人们喜爱。竹子具有较高的文化品位,极高的观赏价值和美学价值,成为园林绿化、美化的重要材料。

早在中国古典园林产生和发展的起始阶段,秦汉时期园林苑、囿中运用竹林、竹园。明清时期,以种竹为雅事,正如苏轼诗云:"宁可食无肉,不可居无竹。"运用写实与写意,寄情于竹的手法,引竹入园,以竹成景,竹里通幽,移竹当窗,粉墙竹影等造园手法,使观赏竹得到广泛应用。

图5.216　竹与建筑物　　　　　　图5.217　角隅处的竹与山石

可以建设竹类植物园和竹类专题公园,如成都望江公园、陕西楼观台竹类植物园等,用竹类做专题布置,在色泽、品种、秆形、大小各异,观赏价值高的竹种,巧妙配合,供游人观赏,进行科学研究及普及竹类科普知识。因地制宜建设以竹海景观为特色的风景竹林景观,如四川长宁竹海、安徽九华山闵园竹海、浙江莫干山竹海等还极大地促进了相关地区旅游事业的发展。竹子有着其他绿化树种不可替代的作用。

此外,竹子还可制作艺术插花、竹子盆栽、竹子盆景。还具有生产竹笋、造纸、竹炭、竹化工产品及其他竹制品等经济用途,是园林结合生产的优良植物。

图5.218　毛竹竹廊　　　　图5.219　豫园园墙边的毛竹与石笋

2. 我国园林中常见的观赏竹类

禾本科 Gramineae

竹亚科 Bambusoideae Nees

我国有竹类植物70属,1 000余种(不包括我国不产的草本竹类)。

(1)刚竹属 *Phyllostachys* Sieb. et Zucc.

本属50余种,均产于我国,除东北、内蒙古、青海、新疆等地外,均有自然分布或有成片栽培的竹园。主要分布于长江流域至五岭山脉。

①**毛竹** *Phyllostachys heterocycla*(Carr.)　Mitford ' Pubescens'

乌哺鸡竹

【别名】楠竹、龟甲竹。

【识别特征】常绿乔木状竹种。单轴散生型。秆高可达20 m以上,茎粗达10~20 cm。新竿密被细柔毛及后白粉,顶梢下垂;中部节间长达40 cm余;竿环不明显,箨鞘背面黄褐色或紫褐色,具黑褐色斑点及密生棕色刺毛,具黑褐色斑点;箨耳小,繸毛发达;箨舌宽短,强隆起起乃至为尖拱形,边缘具粗长纤毛;箨片较短,长三角形至披针形,绿色,初时直立,后外翻。末级小枝具2~4叶;叶耳不明显,叶舌隆起;叶片较小较薄,披针形,背面沿中脉基部具柔毛。花枝穗状。颖果长椭圆形。笋期3—5月,花期5—8月。

图 5.220　毛竹

【分布】我国是毛竹的故乡,主要分布于秦岭、汉水流域以南各地。福建、江西、湖南及浙江分布面积大,山东、河南、陕西有引种栽培。

【习性】喜温暖湿润的气候条件,海拔在 400～800 m 的丘陵、低山山麓地带。年平均温度为 15～20 ℃,年降水量为 1 200～1 800 mm 的区域都可栽培。能耐-14 ℃低温,喜肥沃、湿润、排水良好的酸性砂质土壤。在土质黏重、干燥的、地下水位过高的地方则生长不良。

【繁殖】可播种、分株、埋鞭等法繁殖。

【观赏与应用】四季常青,竹秆挺拔,潇洒多姿。常用于庭院观赏植物,配置松、梅,形成“岁寒三友”之景。在风景区可大面积栽植,如四川宜宾“蜀南竹海”。毛竹根浅质轻,可用于屋顶绿化。其地下盘根错节,可保持水土。毛竹材质坚韧富弹性,属良好的建筑材料。竹也可加工制作工具、乐器、工艺美术品和日常生活用品,也是造纸的原材料。竹笋味鲜可食。

②刚竹 *Phyllostachys sulphurea* (Carr.) A. et C. Riv. ' Viridis'

【别名】胖竹。

【识别特征】散生型乔木状竹种。秆高达 6～15 m,直径 4～10 cm,挺直,淡绿色。新秆鲜绿色,无毛,微具白粉。老秆绿色,仅节下有白粉环,分枝以下的秆环不明显。箨鞘无毛,微被白粉,淡褐色,底上有深绿色纵脉及棕褐色斑纹;箨耳及鞘口繸毛俱缺;箨舌管截形或拱形,有细纤毛;箨叶绿色,狭长三角形至带状,多少波状。末级小枝有叶 2～5 片,有叶耳和肩鞘口繸毛,叶片长圆性或披针形。笋期 5—7 月。

图 5.221　刚竹

【分布】原产于我国,黄河至长江流域及福建均有分布。

【习性】喜光,耐阴、耐寒性较强,能耐-18 ℃的低温。喜肥沃深厚、排水良好的土壤,较耐干旱瘠薄,耐含盐量在0.1%的轻盐碱土和pH值为8.5的碱性土上也能生长。

【繁殖】播种、分株、埋根繁殖。

【观赏与应用】秆高挺秀,枝叶青翠,是长江下游流域各地重要的观赏和用材竹种之一。可配置于建筑前后、山坡、水池边、草坪一角,宜在居住区、风景区绿化美化。刚竹材质坚硬,可供小型建筑和家具柄材使用。竹笋可食。

斑竹

③**桂竹** *Phyllostachys bambusoides* Sieb. et Zucc.

【别名】五月季竹、轿杠竹。

【识别特征】散生型,乔木状竹种。秆高可达20 m,地径14~16 cm。新秆、老秆均深绿色。秆环、杆环微隆起。箨鞘黄褐色底密生紫褐色斑点。箨耳小形或大形而呈镰状,有时无箨耳,紫褐色。箨舌拱形,淡褐色或带绿色,边缘有纤毛。箨片带状。末级小枝有叶2~4片,叶片长5.5~15 cm,宽1.5~2.5 cm。叶耳半圆形,繸毛发达,常呈放射状。笋期5月下旬。

图5.222　桂竹

【分布】产黄河流域及其以南各地,从武夷山脉向西经五岭山脉至西南各省区均可见野生的竹株。

【习性】抗性较强,适应范围广。喜温暖凉爽气候及土层肥厚、排水良好的砂质土,耐干旱瘠薄,能耐-18 ℃的低温。

【观赏与应用】竿粗大,竹材坚硬,篾性也好,为优良用材竹种;笋味略涩。

④**淡竹** *Phyllostachys glauca* McClure

【别名】绿粉竹、粉绿竹、花斑竹。

【识别特征】散生、乔木状竹种。秆高 5～12 m,地径 2～5 cm,中部节间长可达 40 cm。秆环和箨环隆起,同高。箨鞘背面淡紫褐色至淡紫绿色,常有深浅相同的纵条纹,无毛,具紫色脉纹及疏生的小斑点或斑块,无箨耳及鞘口繸毛。箨舌暗紫褐色。箨片线状披针形或带状,开展或外翻,平直或有时微皱曲,绿紫色,边缘淡黄色末级小枝有 2～3 片叶,叶舌紫褐色。

图 5.223　淡竹

【分布】产黄河流域至长江流域各地。

【习性】适应性较强,在 -18 ℃左右的低温和轻度盐碱土中也能正常生长,能耐一定程度的干燥瘠薄和暂时的流水浸渍。

【繁殖】播种、分株、埋根繁殖。

【观赏与应用】秆高,叶翠绿,姿态秀丽,适合在园林中营造疏密有至的散生竹林;也可植于建筑旁、水池旁或园林花木之中作为点缀,增添情趣。秆材柔韧,篾性好,适于编制各种竹器,也可作农具。笋味鲜美,可食用。

⑤紫竹 *Phyllostachys nigra* (Lodd. ex Lindl.) Munro

淡紫竹

【别名】黑竹、乌竹。

【识别特征】散生型,乔木状竹种。秆高 4～8 m,地径可达 5 cm。新秆有细毛茸,绿色,老秆则变为黑紫色至紫黑色。箨鞘背面红褐或更带绿色,无斑点或常具极微小不易观察的深褐色斑点;秆环、箨环隆起;箨耳镰形,紫色;箨舌长而隆起;箨叶三角状披针形,绿色至淡紫色。每小枝有叶 2～3 枚,叶鞘初被粗毛。叶舌微凸起,叶质地较薄,披针形。笋期 4—5 月。

图5.224　紫竹

【分布】原产我国,南北各地多有栽培,在湖南南部与广西交界处尚可见有野生的紫竹林。

【习性】性喜温暖、湿润气候,耐阴,对土壤要求不严,以疏松、肥沃、排水良好、微酸性的土壤最为适宜,忌积水。较耐寒,可耐-20 ℃低温,北京可露地栽培。

【繁殖】播种、分株、埋根繁殖。

【观赏与应用】竹秆紫黑色,柔和发亮,叶翠绿,颇具特色,常种植于庭园山石之间、园路两侧、池畔水边、书斋和厅堂四周,可做盆栽观赏。秆可作工艺品、乐器及手杖。

⑥早园竹 *Phyllostachys propinqua* McClure

【别名】沙竹。

【识别特征】秆散生,高6 cm,直径4 cm,节间长约20 cm,新秆绿色具白粉,老秆淡绿色,节下有白粉圈。秆环稍隆起与箨环等高。箨鞘背面红褐色或黄褐色,无毛无白粉,不同深浅色的纵条纹,紫褐色小斑点和斑块,上部边缘枯焦状;无箨耳;箨舌淡褐色,拱形;箨叶带状披针形,紫褐色,平直反曲。每节具2～3小枝,小枝具2～3小叶,带状披针形。常无叶耳及鞘口繸毛;叶舌强烈隆起,先端拱形,被微纤毛。笋期4—6月。

图5.225　早园竹

【分布】产河南、江苏、安徽、浙江、贵州、广西、湖北等省区。

【习性】抗寒性强,能耐短期-20 ℃的低温,适应性强,轻碱地、沙土及低洼地均能生长。

【繁殖】分株、埋鞭法繁殖。

【观赏及应用】秆高叶茂,生长强壮,在园林中用于散生竹林,可在建筑旁、水池旁或园林花木之中作为点缀。它是华北地区园林中栽培观赏的主要竹种。笋味好,是食用佳品。秆劈篾供编织竹器,整秆作竿具或柄具。

⑦**人面竹** *Phyllostachys aurea* Carr. ex A. et C. Riv.

【识别特征】秆劲直,高 5 ~ 12 m,粗 2 ~ 5 cm。幼时被白粉,无毛,成长的秆呈绿色或黄绿色。中部节间长 15 ~ 30 cm。箨鞘背面黄绿色或淡褐黄带红色,无白粉。箨耳及鞘口繸毛俱缺。箨舌很短,淡黄绿色,先端截形或微呈拱形,有淡绿色的细长纤毛。箨片狭三角形至带状。末级小枝有 2 或 3 叶。叶鞘无毛;叶耳及鞘口繸毛早落或无;叶舌极短。叶片狭长披针形或披针形,仅下表面基部有毛或全部无毛。花枝呈穗状。笋期 5 月中旬。

图 5.226 人面竹

【分布】产黄河流域以南各省区,但多为栽培供观赏,在福建闽清及浙江建德尚可见野生竹林。

【习性】喜温凉湿润气候,有一定的抗旱、耐寒性。观赏特性:秆形奇特,中下部节间短缩呈畸形肿胀,有较高的观赏价值。

【观赏及应用】适宜与假山、置石相配置,或单独栽植于庭院、公园、滨河等绿地中供观赏。

(2)**箣竹属** *Bambusa* Schreb.

本属 100 余种,分布于亚洲、非洲和大洋洲的热带及亚热带地;中国有 60 余种,主产华东、华南及西南部。

①**佛肚竹** *Bambusa ventricosa* McClure

【别名】小佛肚竹。

粉单竹　黄金间碧竹

【识别特征】<u>丛生竹</u>,异型。乔木或灌木状,秆高 8～10 m,直径 3～5 cm,尾梢略下弯,节间圆柱形,长 30～35 cm,幼时无白蜡粉,无毛,各节具 1～3 枝,其枝上的小枝有时短缩为软刺,秆中上部节多枝簇生。畸形秆通常高达 25～50 cm,节间短缩而其基部肿胀,呈瓶状,长 2～6 cm。常为单枝,均无刺。小枝具叶 7～11 枚,叶片线状披针形至披针形,长下表面密生短柔毛。

图 5.227　佛肚竹

【分布】原产于广东,现我国南方各地有栽培,亚洲和美洲一些国家有引种栽培。

【习性】喜光、喜温暖湿润气候,不耐干旱、抗寒能力差。宜疏松、肥沃、排水良好的壤土。越冬温度不能低于 5 ℃。华中至华北的广大地区,只适宜盆栽。

【繁殖】采用分株或扦插法。

【观赏与应用】形态奇特,竹结较细,节间短而膨大,好似弥勒佛之肚,又好似叠起的罗汉。竹秆幼苗为绿色,老竹呈橙黄色,姿态秀丽,四季翠绿。宜与假山、叠石,溪边、湖畔配置或于绿地丛植。是盆栽和制作盆景的极好材料。

② **孝顺竹** *Bambusa multiplex* (Lour.) Raeusch. ex Schult.

孝顺竹变种、品种

【别名】凤凰竹、蓬莱竹、慈孝竹。

【识别特征】灌木型丛生竹,地下茎合轴丛生。竹秆密集生长,秆高 4～7 m,径 1.5～2.5 cm。幼时薄被白蜡粉,并于上半部被棕色至暗棕色小刺毛。秆绿色,老时变黄色,无条纹。每小枝着叶 5～10 片,叶片线形,上表面无毛,下表面粉绿而密被短柔毛。假小穗单生或以数枝簇生于花枝各节。

【分布】原产于中国,华南、西南至长江流域各地有分布。山东青岛有栽培,是丛生竹中分布最北缘的竹种。

【习性】喜温暖湿润气候,排水良好的湿润土壤,多生在山谷间、小旁河,是丛生竹类中分布最广、适应性较强竹种之一,可以引种北移。

图 5.228　孝顺竹

【观赏与应用】秆青绿色,枝叶密集下垂,形状优雅、姿态秀丽,为传统观赏叶竹种。在庭院中可孤植、群植,作划分空间的高篱;也可在大门内外入口角道两侧列植、对植;或散植于宽阔的庭院绿地;还可种植于宅旁作基础绿地中作缘篱用;也常见在湖边、河岸栽植。若配置于假山旁侧,更富情趣。孝顺竹开花后,可在花中找到"竹米",可以食用。

(3)寒竹属 *Chimonobambusa* Makino

本属约 8 种,1 变型,我国各地均有种植。

方竹 *Chimonobambusa quadrangularis*（Fenzi）Makino

【别名】十方竹、四方竹。

【识别特征】秆直立,高 3 ~ 8 m,直径 1 ~ 4 cm,节间长 8 ~ 22 cm。幼时密被向下黄褐色小刺毛,毛脱落后有粗糙瘤基;下部节间刺状气生根;箨环初时被黄褐色绒毛及小刺毛;秆环基隆起,箨鞘纸质或厚纸质,早落性,短于其节间,背面无毛或有时在中上部贴生极稀疏的小刺毛,鞘缘生纤毛,纵肋清晰,小横脉紫色,呈极明显方格状。小枝着叶 2 ~ 5 枚,叶鞘革质无毛,鞘口繸毛直立,叶舌极短,背面、边缘有毛。叶片薄纸质,长圆状披针形。花枝无叶花枝基部节上即具一假小穗。笋期 8 月至翌年 1 月。

图 5.229　方竹

【分布】产江苏、安徽、浙江、江西、福建、台湾、湖南和广西等省区。

【习性】喜光,喜温暖湿润气候。要求土壤疏松、肥沃、排水良好的沙壤土,在阴湿凉爽的低丘及平原均能栽培。

【繁殖】移植母竹或鞭根埋植法繁殖。

【观赏与应用】秆形四方奇特,枝叶繁茂,秋季出笋,是观秆、观笋、观姿的庭园观赏竹种。可植于窗前、花台中,假山、水池和小溪旁,在景区中也可片植,是江南庭园绿化常见的观赏竹种。

（4）牡竹属 *Dendrocalamus* Nees

本属约有40余种,分布在亚洲的热带和亚热带广大地区。我国已知有29种(包括确知引种栽培的3种在内),尤以云南的种类最多。

麻竹 *Dendrocalamus latif lorus* Munro

【别名】甜竹、大叶乌竹。

【识别特征】丛生竹,地下茎合轴型。秆直立,高达20~25 m,径15~30 cm,节间长45~60 cm,箨鞘易早落,厚革质,呈宽圆铲形,背面略被小刺毛,但易落去而变无毛。叶片宽大,长椭圆状披针形,长15~35（50）cm,宽2.5~7（13）cm,基部圆,先端渐尖,上表面无毛,下表面的中脉甚隆起并在其上被小锯。花枝大型,无叶或上方具叶。笋期7—9月。

图5.230　麻竹

【分布】产于福建、台湾、广东、香港、广西、海南、贵州和云南等地区。浙江南部、江西南部、四川南部等地有引种。

【习性】喜温暖湿润气候,适应性强,抗逆性强,忍耐-7 ℃低温及42 ℃高温、pH值为4.5~8的江河岸边、房前屋后栽培。

【繁殖】扦插繁殖。

【观赏与应用】株丛高大,竹秆通直,竹叶苍翠,竹梢下弯,成片造林形成独特的景观,观赏和审美价值很高。适合各种园林景观种植。笋可鲜食或加工。秆供建筑使用或编竹制品。

（5）**箭竹属** *Fargesia* Franch.

本属80余种,在我国,在海拔1 400~3 800 m的垂直地段都有本属竹类生长,其中以云南的种类最为丰富。

箭竹 *Fargesia spathacea* Franch.

【识别特征】竿丛生或近散生;直立,高1.5~6 m,粗0.5~4 cm;节间长15~24 cm,圆筒形,幼时无白粉或微被白粉,无毛。箨环隆起,幼时有灰白色短刺毛;竿环平坦或微隆起;节内长2~4 mm。枝条以5~17枝生于竿之每节,斜展,实心或几实心。箨鞘宿存或迟落,革质。箨耳无;箨舌截形。小枝具2~6叶,叶片线状披针形。花枝长5~35 cm,各节可再分小枝,上部具1~4片由叶鞘扩大成的佛焰苞。圆锥花序较紧密,顶生。颖果椭圆形。笋期5月。

图5.231　箭竹

【分布】产湖北西部和四川东部。海拔1 300~2 400 m,生于林下或荒坡地。

【习性】适应性强,耐寒冷、耐干旱瘠薄,在避风、空气湿润的山谷生长茂密。

【繁殖】分株、埋鞭、埋秆繁殖。

【观赏与应用】秆直,分枝细长,可搭棚架用于园林观赏。它是大熊猫喜食的竹子。

（6）**箬竹属** *Indocalamus* Nakai

本属约含20种以上,均产我国,主要分布于长江以南各省区。现已知有22种6变种。

①**箬竹** *Indocalamus tessellatus* (Munro) Keng f.

【别名】长鞘茶竿竹

【识别特征】竿高1.5~2 m,粗5~8 mm,幼竿密被白色或浅黄色绒毛,并覆盖白粉,节下方具浅黄色毛环,成熟后色暗;节间长16~26 cm,竿壁薄。竿中部以上每节分3枝,竿下部则分1枝。箨鞘质厚,通常长逾其节间,小横脉明显,边缘密生深棕色纤毛,但易脱落。无箨耳和繸毛。箨舌截形,边缘呈不规则的波裂和具纤毛。小枝具1~3叶,下方的叶鞘较长,边缘生纤毛。叶耳和繸毛均缺。叶舌截形或拱形,边缘具微齿和纤毛;叶片纸质,椭圆状披针形。花枝未见。笋期5月。

图 5.232　箬竹

【分布】产于浙江、安徽、福建、江西、湖南等长江流域各地。

【习性】喜光、耐半阴,喜温暖湿润的气候,生长适应性强,较耐寒,耐旱,在轻度盐碱土中也能正常生长。生于海拔 300～1 400 m 的山坡路旁和靠溪流、小河岸边等处。

【繁殖】分株繁殖。

【观赏与应用】株型矮小,枝叶茂密,宜配置于庭园、山石间作点缀。

②**阔叶箬竹** *Indocalamus latifolius*（Keng）McClure

【别名】棕叶、棕巴叶、棕巴叶竹、截平茶竿竹。

【识别特征】竿高 1～1.5 m,直径 5～8 mm,直立,老竿平滑;节间长达 20 cm,中空,竿壁厚。竿每节分 1～3 枝或更多枝,分枝紧贴主竿,各枝腋还具 1 片先出叶。箨鞘宿存。小枝具 3 或 4 叶。叶鞘幼时密被倒生刺毛和白色绒毛。老枝的叶鞘无叶耳,新枝者则具镰形叶耳以及其繸毛。叶片长卵圆状披针形,厚纸质。笋期 5 月。

图 5.233　阔叶箬竹

【分布】产浙江,生于低丘坡地或林边。

【习性】稍耐阴,耐寒、喜温暖湿润气候,不耐干旱。

【繁殖】播种、分株、埋根繁殖。

【观赏与应用】植株矮小密集,叶片宽大,叶色翠绿,常植于庭园、河边护岸,也可盆栽。秆作竹筷和毛笔杆,叶作斗笠、船篷或包裹粽子。颖果称竹米,可食用或药用。

(7) **慈竹属** *Neosinocalamus* Keng f.

慈竹 *Neosinocalamus affinis* (Rendle) Keng

【别名】甜慈、酒米慈、钓鱼慈。

【识别特征】竿高 5～10 m,全竿共 30 节左右,梢端细长作弧形向外弯曲或幼时下垂如钓丝状。竿壁薄。节间圆筒形,长 15～60 cm,径粗 3～6 cm,表面贴生灰白色或褐色疣基小刺毛。末级小枝具数叶乃至多叶。叶片窄披针形,质薄,先端渐细尖,基部圆形或楔形。笋期 6—9 月或自 12 月至翌年 3 月。

图 5.234　慈竹

【分布】主产于四川盆地,甘肃南部,陕西南部,湖北、湖南西部,贵州和云南等地。

【习性】喜温暖湿润气候及肥沃疏松土壤,在干旱瘠薄处生长不良。

【繁殖】播种、分蘖、埋秆法繁殖。

【观赏与应用】秆丛生,枝叶茂盛秀丽。适宜栽植于庭园、公园、水滨、宅后等处。篾用竹。

(8) **大明竹属** *Pleioblastus* Nakai

我国约有 20 种,分布较零星,以长江中下流域各地较多。

苦竹 *Pleioblastus amarus* (Keng) Keng

【别名】伞柄竹、苦竹叶、苦竹笋。

【识别特征】混合竹,地下茎复轴型。秆竿高 3～5 m,粗 1.5～2 cm,直立,秆散生或丛生。新秆淡绿色,具白粉,后转绿黄色,被灰白色粉斑;节间圆筒形,秆环隆起,高于箨环;箨环留有箨鞘基部木栓质的残留物;秆每节具 5～7 枝,枝稍开展。箨鞘革质,绿色,被较厚白粉,有棕红色或白色微细刺毛,箨耳不明显或无,具数条直立的短缝毛;箨舌截形,边缘具短纤毛;箨叶狭长披针形,边缘具锯齿。叶鞘无毛,呈干草黄色;叶舌紫红色;叶片披针形,表面深绿色,背面淡绿色,有白色绒毛,小横脉清楚,叶缘两侧有细锯齿。笋期 6 月。

【分布】产于安徽、江苏、浙江、江西、福建、湖南、湖北、四川、云南、贵州等地。

【习性】适应性强,在低山丘陵、山麓、平地不同类型土壤都能生长;较耐寒。

【观赏与应用】常用作园林观赏。秆用以编篮筐、做伞柄或菜园的支架以及旗杆等。

图 5.235　苦竹

实训 11　观赏竹类的识别及应用调查

1）实训目的与要求

（1）通过对本地区常见竹种的观测,掌握其识别特征,了解生态习性及园林用途。

（2）学会利用植物检索表、工具书、形色 APP 等识别本地区常见观赏竹类。

2）实训地点

选所在城市有代表性的园林绿地,如校园、公园等。

3）材料用具

（1）材料　以本地观赏竹子为材料。

（2）用具　放大镜、卷尺、记录本、手机、教材、图谱等。

4）方法及步骤

（1）识别观赏竹植物。由教师指导识别当地园林应用的竹类植物,并明确竹子在园林中的配置原则及方式。

（2）分组观察。学生 5~10 人一组,通过观察,分析所选地点竹子的类型（表 5.3）。

表 5.3　观赏竹观测记录表

植物名称:＿＿＿＿	类别:＿＿＿＿	高度:＿＿＿＿	地径:＿＿＿＿
秆形:＿＿＿＿	秆色:＿＿＿＿	秆环:＿＿＿＿	节间长度:＿＿＿＿
箨鞘:＿＿＿＿	箨耳:＿＿＿＿	箨舌:＿＿＿＿	
箨环:＿＿＿＿	箨叶:＿＿＿＿		
分枝:＿＿＿＿	叶鞘:＿＿＿＿	叶形:＿＿＿＿	叶色:＿＿＿＿
叶脉:＿＿＿＿	叶毛:＿＿＿＿		
花:＿＿＿＿			
果实:＿＿＿＿			
土壤:种类＿＿＿＿	质地＿＿＿＿	颜色＿＿＿＿	pH 值＿＿＿＿
地形:种类＿＿＿＿	海拔＿＿＿＿	坡度＿＿＿＿	
地下水位＿＿＿＿	肥力评价＿＿＿＿		
生长情况:＿＿＿＿			
形态特征:＿＿＿＿			
适宜生长地:＿＿＿＿			
园林用途:＿＿＿＿			
观赏价值:＿＿＿＿			
调查者:＿＿＿＿	记录者:＿＿＿＿	观测时间:＿＿＿＿	

5）实训报告

　　整理校园或所在城市园林绿地中常见竹子的主要识别特征、生态环境、分布、园林用途,收获和建议等资料。结合实地照片,每组制作 PPT 作业一份。

任务 4　棕榈类园林树木识别及应用

[任务目的]

- 掌握常见棕榈类园林树种的识别要点与习性。
- 了解棕榈类园林树木的特性及其在园林中的应用。

1. 棕榈类园林树木的特性及其在园林中的应用

1）棕榈类园林树木的特征和特性

　　棕榈类园林树木通常是指茎通常不分枝,单生或丛生,叶多簇生于树干顶的植物。

　　（1）生物学特性　棕榈类园林树木通常为常绿乔木、灌木,茎通常不分枝,单生或丛生。叶互生,在芽时折叠,多大而坚硬,羽状或掌状分裂,多簇生于树干顶。叶柄基部常扩大成具纤维的叶鞘。花小,两性或单性,雌雄同株或异株,有时杂性,常组成大型的分枝或不分枝的佛焰花序（或肉穗花序或圆锥花序）。果为浆果、核果或坚果,果皮常纤维质或肉质,少数具鳞。种子通常 1 个,有时 2~3 个,多则 10 个,与外果皮分离或黏合,胚乳均匀或嚼烂状。

　　（2）生态学特性　棕榈类园林树木种类繁多,生境各异,主要分布于赤道两侧的南北回归线之间的热带与亚热带地区。棕榈类园林树木大多要求光照充足,但不同的物种对光照的要求不同,如散尾葵半耐阴,棕竹耐阴;绝大多数正常生长的温度以 22～30 ℃为宜,但也有对温度适应范围较广的物种,如棕榈,可耐−15 ℃低温;适于在雨量丰富且年雨量分布均匀的地区种植,绝大多数要求月均湿度在 70%～90%;大多数喜欢富含腐殖质的酸性土壤,特别是原产于热带雨林地区的棕榈类植物。

2)棕榈类园林树木在园林中的应用

棕榈类园林树木是热带、亚热带的标志性景观之一。其优美的株形、婆娑的叶片、五彩斑斓的花序和果序,具有极高的观赏价值。常作为行道树、庭园树、景观树等应用于热带和亚热带地区,是绿化、美化、净化人类生活环境的优良树种。

棕榈类园林树木中,茎干型的可作主景树,丛生型的可作配景树。也可孤植、对植、列植、丛植、群植。例如,在一个较为开阔的空间孤植,作为景观主景;在自然式园林中,丛植于桥、亭、台、榭作配景点缀和陪衬;设于路旁、水边、庭院、草坪或广场一侧,丰富景观色彩和层次,活跃园林气氛;此外棕榈类植物景观造景可营造出特有的空中花园、绞杀现象等附生植物景观。

2. 我国园林中常见的棕榈类园林树木

1)棕榈科 Palmae

本科 210 属,2 800 种,分布于热带和亚热带地区。我国 28 属,100 多种,分布于西南至东南部各省区。

(1)蒲葵属 Livistona R. Br.

本属约 30 种,分布于热带亚洲及大洋洲。我国 4 种,分布于东南部至西南部地区。

蒲葵 Livistona chinensis (Jacq.) R. Br.

【别名】葵树、扇叶葵。

【识别特征】乔木,高 10～20 m,胸径 15～30 cm。叶大,阔肾状扇形,宽 1.5～1.8 m,长 1.2～1.5 m,扇状折叠,掌状深裂至中部,裂片条状披针形,基部宽 4～4.5 cm,顶部长渐尖,先端深 2 裂成长达 50 cm 的丝状柔软下垂的小裂片;叶柄的边缘有钩刺。圆锥状肉穗花序,长达 1 m,自叶丛中抽出,分枝多而疏散;花小,两性,黄绿色,长约 2 mm。核果椭圆形至阔圆形,状如橄榄,长 1.8～2.2 cm,直径 1～1.2 cm,熟时紫黑色。花期春夏,果熟期 9—10 月。

图 5.236　蒲葵

【分布】台湾、福建、广东、香港、海南、广西及云南南部。

【习性】喜阳，喜高温，很不耐寒，喜生于湿润、肥沃、富含有机质的黏壤土。无主根，但侧根异常发达，密集丛生，抗风力强，耐移植。

【繁殖】播种繁殖。

【观赏与应用】四季常青，树冠如伞，叶大如扇，叶丛婆娑，是热带及亚热带南部地区的行道树和庭园绿化树，可丛植、列植和孤植。

（2）棕竹属 *Rhapis* L. f. ex Ait.

　　本属约 12 种，分布于东亚至东南亚。我国 6 种，分布于南部。

细棕竹

棕竹 *Rhapis excelsa*（Thunb.）Henry ex Rehd.

【别名】观音竹、筋头竹。

【识别特征】常绿丛生灌木，高 2～3 m。秆圆柱形，有节，粗 2～3 cm，上部被淡黑色、马尾状、粗糙、硬质网状纤维的叶鞘。叶掌状深裂，裂片 4～10 片，条形，宽 2～5 cm，顶端宽，有不规则锯齿，边缘有细锯齿。肉穗花序长达 30 cm，多分枝；花雌雄异株，雄花在花蕾时为卵状长圆形，在开花时为棍棒状长圆形，长 5～6 mm；雌花短而粗，卵状球形，长约 4 mm，卵状球形。浆果球形，直径 8～10 mm。花期 6—7 月，果期 9—11 月。

图 5.237　棕竹

【分布】福建、广东、香港、海南、广西、贵州、四川及云南。

【习性】半阴性树种，耐阴，忌强光直射；喜温暖，不耐寒；喜湿润、排水良好的微酸性土壤。

【繁殖】播种、分株繁殖。

【观赏与应用】棕榈科植物中较矮小的物种，外形秀丽，青翠饱满，叶形清秀。可丛植、群植于林下、林缘、溪边等阴湿处。

（3）**棕榈属** *Trachycarpus* H. Wendl.

本属 8 种，分布于东亚。我国 3 种，其中棕榈普遍栽培于南部各省区，另两种分布于云南西部至西北部。本属是棕榈科植物中抗寒性较强的类群。

棕榈 *Trachycarpus fortunei*（Hook.）H. Wendl.

【别名】棕树。

【识别特征】常绿乔木，高 3～10 m。树干圆柱形，不分枝，直径约 20 cm，常有不易脱落的老叶柄，基部和暗棕色网状纤维叶鞘。叶簇生于顶，形如扇，径 50～70 cm，掌状深裂至中部以下，裂片多数，条形，长 60～70 cm，宽 2.5～4 cm，裂片先端具短 2 裂；叶柄长 75～80 cm，两侧有细齿。花序腋生，多次分枝，雌雄异株，雄花序长约 40 cm，雌花序长 80～90 cm；雄花黄绿色，卵球形，钝三棱；雌花淡绿色，常 2～3 朵聚生，球形。核果肾状球形，径约 1 cm，蓝黑色，被白粉。花期 4—5 月，果熟期 10—11 月。

图 5.238　棕榈

【分布】我国长江以南地区。

【习性】阳性树种，较耐阴；喜温暖湿润气候。适应性强，耐轻盐碱，也能耐一定的干旱与水湿，较耐寒，是棕榈科中最耐寒的植物。对烟尘和有毒气体（如 SO_2 及 HCl）有强抗性和吸收性。

【繁殖】播种繁殖。

【观赏与应用】树干挺拔，叶姿优雅，翠影婆娑，可列植、丛植或成片栽植，是工厂、矿区绿化的优良树种。

（4）**鱼尾葵属** *Caryota* L.

本属 12 种，分布于亚洲与澳大利亚热带地区。我国 4 种，分布于云南南部、广东、广西等地。

董棕

鱼尾葵 *Caryota ochlandra* Hance

【别名】假桃榔、青棕。

【识别特征】常绿乔木,高 10~20 m;茎单生,绿色,表面被白色毡状绒毛。叶大型,长3~4 m,宽1.1~1.7 m,二回羽状全裂;裂片不规则齿缺,似鱼尾。圆锥状肉穗花序,长3~3.5 m,下垂;花单性同株,3 朵聚生,雌花介于2 雄花之间。浆果球形,径1.8~2 cm,成熟时红色。花期5—7 月,果期8—11 月。

短穗鱼尾葵

图5.239　鱼尾葵

【分布】我国东南部至西南部。

【习性】耐阴;喜暖热,较耐寒;喜湿润的酸性土壤,不耐干旱。

【繁殖】播种繁殖。

【观赏与应用】树姿优美,叶形奇特,花色鲜黄,果实如圆珠成串,富有热带风光情调,可作行道树、庭荫树。

(5)油棕属 *Elaeis* Jacq.

本属2 种,产于非洲。我国引种栽培1 种。

油棕 *Elaeis guineensis* Jacq.

【识别特征】乔木,高 10 m。叶基宿存;叶极大,长3~6 m,羽状全裂;羽片外向折叠,条状披针形,长70~80 cm,宽2~4 cm;叶柄及叶轴两侧有刺。花单性,雌雄同株异序;雄花为稠密的穗状花序;雌花序近头状,密集,长20~30 cm。核果卵形,熟时黄褐色,长4 cm,聚生成密果束。花期6 月,果期9 月。

图5.240 油棕

【分布】产于非洲,我国广东、广西、福建、云南、海南、台湾有栽培。

【习性】喜阳光充足、高温、湿润环境和肥沃的土壤。

【繁殖】播种繁殖。

【观赏与应用】植株高大,树形优美,常附生蕨类构成空中花园景观。常作园景树、行道树,也是重要的油料经济作物。

(6)椰子属 *Cocos* L.

本属仅1种,广布于热带海岸。我国福建、台湾、广东沿海岛屿、海南及云南有分布或栽培。

椰子 *Cocos nucifera* L.

【别名】椰树。

【识别特征】常绿乔木,高15～30 m;茎有明显的环状叶痕。叶羽状全裂,长3～4 m;裂片多数,条状披针形,长65～100 cm或更长,宽3～4 cm,先端长渐尖,基部明显向外折叠。肉穗花序生于叶丛中;花单性,雌雄同序;雄花小,多数,聚生于花序分枝的上部;雌花大,少数,散生于花序分枝的下部或有时雌雄花混生。坚果大,倒卵形或近球形,径15～25 cm,熟时暗褐棕色;外果皮薄革质,中果皮厚纤维质,内果皮木质极硬,基部有萌发孔3;内果皮上黏着白色胚乳,胚乳内有一储存丰富汁液的空腔;种子1枚。全年开花,花后约1年果熟,以7—9月为主要的花果盛期。

图5.241 椰子

【分布】广布于热带岛屿及海岸,以亚洲最集中。我国分布于广东南部诸岛及雷州半岛、海南、台湾及云南南部热带地区。

【习性】喜生于高温、湿润、阳光充足的海边和热带内陆地区。要求年平均温度在24 ℃以上,最低温度不低于10 ℃,年雨量1 500～2 000 mm且分布均匀,不耐干旱。根系发达,抗风力强。

【繁殖】播种繁殖。

【观赏与应用】叶片苍翠挺拔,树形高耸、壮观、优美,是热带风光的象征树种,是热带和南亚热带地区尤其是海滨地区的主要绿化树种。它可作行道树,或丛植、片植作景观树。

（7）王棕属 *Roystonea* O. F. Cook

本属约 17 种，产于美洲。我国引进栽培 2 种，云南、广西、广东、福建和台湾有栽培。

王棕 *Roystonea regia*（Kunth）O. F. Cook

【别名】大王椰子、王椰、大王椰。

【识别特征】乔木，高 10～20 m；干灰色，幼时基部明显膨大，老时中部膨大。叶聚生茎顶，长 4～5 m，羽状全裂；裂片排成 4 列，条状披针形，渐尖，顶端浅 2 裂，长 85～100 cm，宽 4 cm。肉穗花序长达 60 cm；花小，雌雄同株，基部或中部以下有雌花，中部以上全为雄花，雄花淡黄色。果近球形，长 8～13 mm。花期 3—4 月，果期 10 月。

图 5.242　王棕

【分布】原产于古巴、牙买加和巴拿马，现广植于世界各地热带地区。我国广东、广西、台湾、云南及福建均有栽培。

【习性】喜高温多湿和阳光充足，适生于高温、湿润、阳光充足的海边和热带内陆地区。

【繁殖】播种繁殖。

【观赏与应用】干常膨大，树形奇特雄伟，常作行道树、园景树，孤植、行植、丛植和片植，均有良好的景观效果。

（8）假槟榔属 *Archontophoenix* H. Wendl. et Drude

本属 14 种，产于澳大利亚的热带、亚热带地区。我国引入 1 种。

假槟榔 *Archontophoenix alexandrae*（F. Muell.）H. Wendl. et Drude

【别名】亚历山大椰子。

【识别特征】乔木，高 20～30 m，茎粗约 15 cm，光滑而具环纹，基部略膨大。叶长 2～3 m，羽状全裂；裂片多，呈 2 列排列，条状披针形，长达 45 cm，宽 3～5 cm，先端渐尖而略 2 浅裂，边缘全缘，表面绿色，背面灰绿，有白粉；叶鞘绿色，长 1 m，膨大抱茎。花序生于叶鞘下，圆锥花序，下垂，长 30～40 cm，多分枝；花雌雄同株，白色；雄花序长约 75 cm，宽约 55 cm，各级分枝呈"之"字形；雌花序长约 80 cm，宽约 60 cm。果卵状球形，长 1.2～1.4 cm，红色。花期 4 月，果期 4—7 月。

图 5.243　假槟榔

【分布】原产于澳大利亚东部。我国福建、台湾、广东、海南、广西、云南等地有栽培。

【习性】阳性树种,幼龄期宜在半阴地生长;喜高温、高湿气候和避风的环境,不耐寒,耐水湿,也较耐干旱。

【繁殖】播种繁殖。

【观赏与应用】植株树干通直,挺拔隽秀,叶片披垂碧绿,随风摇曳,是展示热带风光的重要树种。管理粗放,大树移栽容易成活,在华南、西南适合生长的城市及风景区中常作为行道树、景观树。

(9) **散尾葵属** *Chrysalidocarpus* H. Wendl.

　　本属 20 种,主产于马达加斯加。我国引入 1 种。

散尾葵 *Chrysalidocarpus lutescens* H. Wendl.

【别名】黄椰子。

【识别特征】丛生灌木,高 2 ~ 5 m;干黄绿色,嫩时被蜡粉,环状鞘痕明显。叶长 1 ~ 1.5 m,羽状全裂;裂片呈 2 列排列,条状披针形,中部裂片长约 50 cm,顶端的列片渐短,长约 10 cm,顶端长尾状渐尖,常为 2 短裂;叶柄、叶轴、叶鞘常呈黄绿色;叶鞘圆筒状,包茎。花序生于叶鞘束下,多分枝,排成圆锥花序;花雌雄同株,小而呈金黄色。果近圆形,长 1.5 ~ 1.8 cm,直径 0.8 ~ 1 cm,橙黄色,干时紫黑色。花期 5—6 月,果期翌年 8—9 月。

图5.244　散尾葵

【分布】原产于马达加斯加。我国福建、台湾、广东、海南、广西、云南等地多栽植于庭院中。

【习性】热带耐阴性树种;喜温暖湿润气候、不耐低温;要求疏松、排水良好、肥厚的壤土。

【繁殖】通常分株繁殖,也可播种繁殖。

【观赏与应用】茎丛生如竹,枝叶茂密,四季常青,树形优美,多作观赏树栽种于草地、墙隅或宅旁,也用于盆栽,是布置室内的观叶植物。叶片常用作插花的配叶。

(10)酒瓶椰属 *Hyophore* Gaertn

本属约5种,产西印度洋的马斯克林群岛。我国引入2种,分布于海南、广东、福建等。

酒瓶椰子 *Hyophorbe lagenicaulis* H. E. Moore

【别名】酒瓶椰、酒瓶棕。

【识别特征】常绿乔木,高2～4 m;单干,树干中下部膨大,呈酒瓶状。叶聚生干顶,羽状复叶,叶数较少,小叶线状披针形,长30～46 cm,宽1.5～2.3 cm。肉穗花序生于叶丛下,多分枝,长达60 cm;花单性,雌雄同株,通常基部为雌花,上部为雄花。浆果椭圆,长2～2.3 cm,宽1～1.2 cm,熟时黑色。花期7—8月,果期为翌3—4月。

图5.245　酒瓶椰子

【分布】原产于马斯克林群岛,我国广东、福建、海南、云南、台湾等地有引种栽培。

【习性】喜阳光充足、高温、多湿的环境。不耐寒,冬季最低温度要求10 ℃以上。要求排水良好、湿润、肥沃的土壤。

【繁殖】播种繁殖,但需即采即播。生长慢,怕移栽。

【观赏与应用】株形奇特,茎干短矮圆肥形如酒瓶,观赏效果极佳。可孤植或丛植于草坪或庭园中,也可盆栽用于装饰宾馆的厅堂和大型商场。

2)苏铁科 Cycadaceae

本科共9属,约110种,分布于热带和亚热带地区。我国仅有苏铁属,共8种。

苏铁属 *Cycas* L.

本属约 17 种,分布于亚洲和大洋洲的热带及亚热带地区。我国有 8 种,分布于台湾、华南、西南各省区。

苏铁 *Cycas revoluta* Thunb.

【别名】铁树。

【识别特征】常绿乔木,茎干粗短,高 2~5 m。羽状叶从茎的顶部生出,长 0.5~2 m;羽状裂片达 100 对以上,条形,厚革质,坚硬,长 9~18 cm,宽 0.4~0.6 cm,向上斜展微成"V"字形,边缘显著向下反卷。雄球花长圆柱形,长 30~70 cm,径 8~15 cm,小孢子叶木质窄楔形,密被黄褐色绒毛;雌球花头状半球形,大孢子叶宽卵形,羽状分裂,密被黄褐色绒毛。种子倒卵形、稍扁,长 2~4 cm,径 1.5~3 cm,红褐色或橘红色。花期 6—8 月,10 月成熟。

图 5.246　苏铁

【分布】产于我国华南、西南各省区,各地均有栽培,南方多露地栽植,北方多为盆栽。

【习性】喜温暖、湿润气候,不耐寒冷,不耐积水。生长缓慢,寿命约 200 年。

【繁殖】播种、分蘖、树干切移。

【观赏与应用】树形古朴,主干粗壮坚硬,叶形似羽状,四季常青。可孤植、丛植或群植,具有热带风光景观效果。可作盆栽,装饰居室,布置会场。

3) 百合科 Liliaceae

本科约 230 属,3 500 种,广布于全世界。我国约 60 属,560 种,各省均有分布。

丝兰属 *Yucca* L.

本属约 30 种,分布于美洲。我国引入栽培 4 种。

凤尾丝兰 *Yucca gloriosa* L.

【别名】凤尾兰、菠萝花。

【识别特征】常绿木本植物。主干短,有时分枝,高达 2.5 m。叶质坚硬,排列于茎顶端,剑形,长 40~70 cm,宽 5~8 cm,老叶边缘有时具白色丝状纤维。圆锥花序高达 1~1.5 m;花乳白色,杯状,下垂;花被片宽卵形,长 4~5 cm。蒴果不开裂,椭圆状卵形,长 5~6 cm。夏(5—6 月)、秋(9—10 月)两次开花。

图5.247　凤尾丝兰

【分布】原产于北美东南部。我国长江流域以南广泛栽培。

【习性】喜光,适应性强,耐旱,喜排水良好的砂质土,也能耐一定程度的水湿。

【繁殖】扦插或分株繁殖。

【观赏与应用】树形挺直,四季青翠,叶形似剑,花茎高耸,大而醒目。常植于花坛中央、建筑前、草坪中、路旁等阳坡地,适宜片植或丛植。

实训 12　棕榈类园林树木的识别及应用调查

1. 实训目的

（1）观察棕榈类园林树木的构造及各部分形态,掌握常见棕榈类园林树木的形态特征及其园林用途。

（2）学会利用植物检索表、工具书、App 等识别本地区常见棕榈科植物。

2. 实训地点

校内实验室、校园,校外公园、植物园等地。

3. 工具与材料

室内常见的棕榈类园林树种多媒体图片,室外常见的棕榈类园林树种;记录纸、记录夹、手机及植物识别 App 等。

4. 实训步骤

棕榈类园林树木的识别

①室内观看棕榈类园林树木多媒体图片。

②室外观察棕榈类园林树木。按照习性、根、茎、叶、花、果、种子的程序进行。

③棕榈类园林树木的形态描述。运用科学的形态术语,按根、茎、叶、花序、花的结构、果实、种子、花果期、产地、生境、分布、用途等顺序进行具体的文字描述。

表5.4　植物标本记录表

号数：		份数：		
采集地点：		海拔：		
生态：				
性状：		高度：		胸围(直径)：
树皮：				
叶：				
花：				
果：				
用途：				
科名：		别名：		
学名：				
采集班级：		采集人：		采集日期：

5. 实训报告

(1)列表比较本地区常见棕榈类园林树种的识别要点、生态习性及园林用途。

(2)根据当地环境条件,选择最适宜本地园林绿化的棕榈类树木,并进行科学组合、艺术配置,形成特色景观。

任务5　蔓木类园林树木识别及应用

[任务目的]

- 认识较为常见的蔓木类树种;
- 掌握观赏蔓木类植物的特点和类型;
- 了解观赏蔓木类树种在园林绿化中的应用。

1. 蔓木类园林树木的特性及其在园林中的应用

观赏蔓木类植物是指茎部细长,不能直立,必须攀附在其他物体(如树、墙等)向上生长或匍匐于地面蔓延生长的一类植物。充分利用攀援植物进行垂直绿化是拓展绿化空间、增加城市绿量、提高整体绿化水平、改善生态环境的重要途径。

1) 蔓木类园林树木的类型

根据攀援习性的不同,可将观赏蔓木植物分成以下4种类型。

(1)缠绕茎类　依靠主茎缠绕其他植物或物体向上生长。这种茎称为缠绕茎,攀援能力很强,是棚架、柱状体、高篱及山坡、崖壁绿化美化的良好材料,如紫藤、猕猴桃、南蛇藤等。根据缠绕方向的不同,可将这类植物再分为以下3类:

①左手螺旋形:缠绕方向与右手螺旋形缠绕茎类植物方向相反,如忍冬、鸡矢藤等。

②右手螺旋形:缠绕方向与右手握其支持物时,拇指向上,其他手指伸握方向相同,如常春油麻藤等。

③乱旋形:茎无固定的旋转方面,既有向右旋也有向左旋的,如文竹等。

(2)特有攀援器类

①卷须:根据形成卷须的器官不同,又可分为茎(枝)卷须、叶卷须、花序卷须。

茎(枝)卷须由茎或枝的先端变态特化而成的卷须攀援器官,分枝或不分枝,根据植物种类而异,如葡萄等。

叶卷须由叶柄、叶尖、托叶或小叶等叶不同部位特化而成的卷曲攀援器,如铁线莲属等。

花序卷须由花序的一部分特化成卷须缠绕,如珊瑚藤等。

②吸盘:由枝的先端变态特化而成的吸附攀援器官。其顶端变成扁平的小圆盘状物,当接触支持物后,分泌出黏胶,将植物黏吸于支持物上。有些种类可牢固吸附于光滑物体表面生长,如爬山虎、五叶地锦等可在玻璃、瓷砖等表面生长。它是绿化墙壁、石崖和粗大树干表面绿化的理想植物。

③吸附根:由茎的节上生出的气生不定根。它们也能分泌出胶状物质,将植物体固定在遇到的支持物上。随着植物的生长,不断产生新的气生根,植株便会不断向上攀援,如常春藤、扶芳藤等。

④棘刺类:茎或叶具刺状物,借以攀附他物上升或直立。这类植物攀援能力较弱,生长初期应加以人工牵引或捆缚,辅助其向上生长,如藤本月季等。

(3)复式攀援的攀援植物　有些攀援植物兼具几种攀援能力。既有缠绕茎,同时生有倒钩刺,以两种以上攀援方式来攀援生长的植物,称为复式攀援植物,如拉拉藤。

(4)匍匐类　匍匐类植物不具有攀援植物的缠绕能力或攀援结构。茎细长、柔弱,缺乏向上攀登能力,通常只能匍匐平卧地面或向下垂吊,是地被、坡地绿化及盆栽悬吊应用的极好材料,如现代月季中的蔓性月季。

2)蔓木类园林树木种类

我国蔓木类植物非常丰富。按系统分类法分为麻藤科、胡椒科、毛茛科、蔷薇科、豆科、云香科、卫矛科、葡萄科、猕猴桃科、五加科、紫葳科、忍冬科等50多科,130多个属,400多种。在地域分布上,南方温暖湿润地区种类丰富,北方较少并多为落叶性。

3)蔓木类园林树木在园林绿化中的应用

蔓木观赏类植物具有占地少而绿化面积大、栽植体量轻、繁殖容易、生长迅速、枝叶繁茂、绿化见效快,应用形式灵活多样的特点。因其蔓生攀援习性,在水平空间可靠蔓延而形成低矮地被或灌丛,在垂直空间可以攀附或悬挂在各种支架上,有的可以直接吸附于建筑墙面上。蔓木类植物因其结构特殊、性能独特、功能多样,在园林建设中具有较高的观赏价值。

观赏蔓木类植物在园林绿化中的应用,要根据环境特点、建筑物类型、绿化功能的要求等,结合蔓木类生物学特性、生态习性及观赏特点选用。常见的蔓木类植物绿化方式如下:①建造绿柱;②建造绿廊、绿门;③栽植棚架、花架;④制作绿亭;⑤篱垣与栅栏绿化;⑥墙面绿化;⑦屋顶绿化;⑧山石、护坡绿化;⑨室内绿化。

2. 我国园林中常见的蔓木类园林树木

1）猕猴桃科 Actinidiaceae

本科共4属370种，我国2属43种。

猕猴桃属 Actinidia Lindl

我国有52种以上，是优势主产区，主要分布秦岭以南和横断山脉以东地区。

猕猴桃 Actinidia chinensis Planch.

【别名】中华猕猴桃。

【识别特征】落叶缠绕性藤本。枝褐色，有柔毛，髓大，白色，层片状。单叶互生，具长柄，纸质，圆形、卵圆形或倒卵形，顶端突尖、钝圆或微凹，缘有芒状细锯齿，上面暗绿色，仅脉上有疏毛，背面密生灰棕色星状绒毛。雌雄异株，花乳白色后变黄，芳香。浆果椭球形或卵形，有棕色绒毛，黄褐绿色。花期6月，果熟期8—10月。

图5.248 猕猴桃

【分布】原产于我国，我国多数省份均有栽培。

【习性】喜光、略耐阴，喜温暖气候，具有一定耐寒能力。多生于土壤湿润、肥沃的溪谷及林缘。适应性强，酸性、中性土壤均能生长。根系肉质，主根发达，萌生能力强。

【繁殖】播种繁殖，也可用半木质化枝条扦插。

【观赏与应用】藤蔓虬攀，花大色丽，果实圆大，适于花架、绿廊、绿门配置，也可攀附树上或山石陡壁上，为花果并茂的优良棚架材料。

2）葡萄科 Vitaceae

本科约12属，700种，我国9属，112种。

（1）葡萄属 Vitis L.

本属约70种，中国约30种。

葡萄 Vitis vinifera L.

【别名】草龙珠、山葫芦、李桃。

【识别特征】落叶木质藤本。小枝圆柱形,有纵棱纹,无毛或被稀疏柔毛,茎皮长条状剥落,卷须2叉分枝,与叶对生。单叶,卵圆形,3～5掌状浅裂或中裂,基部心形,缘有粗锯齿,上面绿色,下面浅绿色,无毛或被疏柔毛。花两性或杂性,圆锥花序,密集或疏散,多花,与叶对生,花小黄绿色。果实浆果,球形或椭圆形,成串下垂,熟时黄绿色或紫红色等多种颜色。花期5—6月,果期8—9月。

图5.249　葡萄

【分布】原产于亚洲西部地区,世界上大部分葡萄园分布在北纬20°～52°及南纬30°～45°,绝大部分在北半球。中国葡萄引种栽培已有2 000多年历史,分布极广,多在北纬30°～43°,海拔高度一般在400～600 m,南至长江流域,北至辽宁中部均有栽培。

【习性】喜光、喜干燥及夏季高温的大陆性气候,较抗寒。对土壤要求不严,除重黏土和重盐碱地外,均能适应,但以土层深厚、排水良好而湿度适中的微酸性至微碱性砂质或砾质壤土生长最好。耐干旱,怕涝。发根能力强,深根性,寿命较长。

【繁殖】以扦插繁殖为主,也可压条或嫁接繁殖。枝叶均可扦插生根,老蔓可生气生根。

【观赏与应用】翠叶满架,硕果晶莹,是园林垂直绿化结合生产的理想树种。可用于专类观光果园果树栽培外,还可用于庭园、公园、疗养院及居住区长廊、门廊、棚架、花架等建造。

（2）地锦属 *Parthenocissus* Planch.

本属共约15种,中国约9种。

①地锦 *Parthenocissus tricuspidata*（S. et Z.）Planch.

【别名】爬墙虎、爬山虎。

【识别特征】落叶木质藤本植物,卷须短而多分,在顶端及尖端有黏性吸盘。枝条粗壮,老枝灰褐色,幼枝紫红色。叶单叶互生,变异很大,通常广卵形,先端3裂,或深裂成3小叶,基部心形,边缘有粗锯齿,绿色,无毛,背面具有白粉,叶背叶脉处有柔毛,秋季变为鲜红色。花两性或杂性,聚伞花序与叶对生,花小,黄绿色。浆果球形,熟时蓝黑色,有白粉。花期6月,果期9—10月。

图5.250　地锦

【分布】原产于亚洲东部、喜马拉雅山区及北美洲。我国辽宁、河北、河南、山西、陕西、山东、江苏、浙江、江西、湖南、湖北、广西、广东、四川、贵州、云南都有分布。

【习性】喜阴、耐寒、耐旱,对土壤及气候适应能力很强。在较阴湿、肥沃的土壤中生长最佳。生长快,对氯气抗性强。

【繁殖】扦插、压条、播种繁殖。

【观赏与应用】生长势强,蔓茎纵横,能借吸盘攀附,且秋季叶色变为红色或橙色。可配置攀附于建筑物墙壁、墙垣、庭院入口、假山石峰、桥头石壁或老树干上。对氯气抗性强,可作厂矿、居住区垂直绿化,也可作护坡保土植被。其主根可入药。

②**五叶地锦** *Parthenocissus quinquefolia*（L.）Planch.

【别名】美国地锦、美国爬山虎。

【识别特征】落叶藤本,靠卷须攀援生长,卷须与叶对生,5～12分枝,顶端吸盘大。幼枝带紫红色。掌状复叶互生,具长柄,小叶5片,质较厚,卵状长椭圆形或倒长卵形,先端尖,基部楔形,缘具大而圆的粗锯齿,表面暗绿色,背面稍具白粉并有毛。聚伞花序集成圆锥状。浆果近球形,成熟时蓝黑色,稍带白粉。花期7—8月,果9—10月成熟。

图5.251　五叶地锦

【分布】东北、华北各地栽培。原产北美。

【习性】喜温暖气候,具有一定的耐寒能力、耐阴、耐贫瘠,并具有一定的抗盐碱能力,是一种较好的攀援植物。它生长旺盛,抗病性强,少病重害。

【繁殖】常用扦插繁殖,也可播种、压条繁殖。

【观赏与应用】生长快,秋季变红,新枝叶亦红色,比爬山虎更美丽,广泛种植于南北地区庭院中,绿化建筑物的墙壁、假山处,也可作为公路绿化、地被和护坡材料。

3) 豆科 Leguminosae

（1）紫藤属 *Wisteria* Nutt.

　　约 10 种,分布于东亚、北美和大洋洲。我国有 5 种,1 变型,其中引进栽培 1 种。

白花紫藤

①紫藤 *Wisteria sinensis* Sweet

【别名】藤萝。

【识别特征】落叶攀援缠绕性藤本,干皮深灰色,不裂,茎枝左旋性。一回奇数羽状复叶互生,小叶对生,卵状长椭圆形至卵状披针形,叶基阔楔形,先端渐尖,幼叶密生平贴白色细毛,成长后无毛。总状花序下垂,总花梗、小花梗及花萼密被柔毛,花蝶形,花冠紫色或深紫色。荚果扁长,木质,密被黄色绒毛。花期 4—6 月,果期 9—10 月。

图 5.252　紫藤

【分布】原产于中国。华东、华中、华南、西北和西南地区均有栽培。朝鲜、日本也有分布。

【习性】暖带及温带植物。喜光,略耐阴、较耐寒,有一定的耐干旱、瘠薄和水湿的能力。以深厚肥沃而排水良好的壤土为佳。主根深,侧根少,不耐移植。对 SO_2、HF 和 Cl_2 等有害气体抗性强。生长快,寿命长。

【繁殖】以播种繁殖为主,也可扦插、分根、压条或嫁接繁殖。

【观赏与应用】枝虬屈盘结,枝叶茂盛,春季先叶开花,紫花串串,穗大芳香,荚果形大,是优良的棚架、门廊及山面绿化材料,也可制成盆景或盆栽供室内装饰。茎、皮、花、种子可入药。

②多花紫藤 *Wisteria floribunda*（Willd.）DC.

【别名】日本紫藤。

【识别特征】落叶藤本,茎枝较细右旋性。奇数羽状复叶,互生,小叶对生,卵形、卵状长椭圆形或披针形,叶端渐尖,叶基圆形,叶两面微有毛。总状花序顶生或腋生,悬垂性,花冠蝶形,紫色转紫蓝色,芳香,花序轴及萼被柔毛。荚果大而扁平,密生细毛。花期 5 月,果期 9—10 月。

图 5.253　多花紫藤

【分布】原产于日本。常分布于我国长江流域以南,南北各地均有栽培。

【习性】喜光,喜排水良好的土壤。极耐寒,可以耐-15 ℃以下低温。

【观赏与应用】花形美丽,花色鲜明。可攀援棚架、老树干等。

（2）黧豆属 *Mucuna* Adans.

　　我国约15种,广布于西南部经中南部至东南部。

常春油麻藤 *Mucuna sempervirens* Hemsl.

【别名】牛马藤、大血藤。

【识别特征】常绿木质藤本。茎棕色或黄棕色,粗糙,小枝纤细,淡绿色,光滑无毛。三出复叶,互生,顶端小叶卵形或卵状长圆形,先端尖尾状,基部阔楔形,小叶全缘,绿色无毛。总状花序生于老茎,花大,下垂,蜡质,有臭味,花萼外被浓密绒毛,钟裂,裂片钝圆或尖,花冠深紫色或紫红色。荚果扁平长条形,木质,密被锈黄色粗毛,种子扁,近圆形,棕黑色。花期4—5月,果期9—10月。

图5.254　常春油麻藤

【分布】主产于我国福建、云南、浙江、陕西、四川、贵州等地,日本也有分布。

【习性】喜温暖湿润气候,耐阴、耐干旱,要求排水良好的土壤。

【繁殖】播种繁殖。

【观赏与应用】高大,叶片常绿,老茎开花,可植于立柱、棚架、栅栏、竹篱处或植于花墙、假山石、崖壁、沟谷处绿化,在自然式庭园及森林公园中栽植更为适宜。

4）紫葳科 Bignoniaceae

（1）凌霄属 *Campsis* Lour.

　　2种,1种产北美洲,另1种产我国和日本。

凌霄 *Campsis grandiflora*（Thunb.）Schum.

【别名】中国凌霄、大花凌霄。

【识别特征】落叶木质藤本,借气生根攀援他物向上生长。奇数羽状复叶,对生,卵形至卵状披针形,先端长尖,基部不对称,两面无毛,边缘疏生锯齿。顶生聚伞或圆锥花序,花大型,花冠漏斗状,外橘色,内鲜红色,花萼钟形,绿色,萼裂较深。蒴果长如豆荚,顶端钝。花期6—9月,果期11月。

【分布】我国中部、东部各地均有栽培。

【习性】喜光,耐半阴,适应性较强,较耐寒、耐旱、耐瘠薄,病虫害较少。以排水良好、疏松的中性沙土为宜,忌酸性土、忌积涝和湿热。萌蘖力、萌芽能力均强。

【繁殖】播种、扦插、埋根、压条、分蘖法繁殖。

图5.255　凌霄

【观赏与应用】花大、色艳且花期长,干枝虬曲多姿,可搭棚架,作花门、花廊,可攀援老树、假山石壁、墙垣等,作垂直绿化遮阴材料,还可作桩景,是园林中夏、秋观花棚架材料。

（2）炮仗藤属 *Pyrostegia* Presl

约5种,产南美洲。我国南方引入栽培一种。

炮仗花 *Pyrostegia ignea* Presl.

【别名】黄金珊瑚。

【识别特征】常绿木质大藤本,以卷须攀援。茎粗状,有棱,小枝有纵槽纹。复叶有小叶3枚,对生,卵状至卵状矩圆形,全缘。顶生小叶变成线形,3叉状卷须,叶柄有柔毛。圆锥状花序顶生,下垂。花冠橙红色,筒状,端5裂,稍呈二唇形,裂片端钝,外反卷,有明显的白色、被绒毛的边。花期1—2月。

图5.256　炮仗花

【分布】原产于巴西,现全世界温暖地区常见栽培。我国海南、华南、云南南部、厦门等地有栽培。

【习性】喜温暖湿润气候,不耐寒。

【繁殖】扦插、压条法繁殖。

【观赏与应用】叶绿繁茂,攀附他物,花序下垂,花冠若磬钟,橙红鲜艳,连串着生,垂挂树头,极似鞭炮,适值元旦、圣诞、新春等中外佳节,增加节日气氛可用于覆盖低层建筑物墙面或垂直绿化棚架、花廊、阳台等。

5）五加科 Araliaceae

常春藤属 *Hedera* L.

本属约有5种,分布于亚洲、欧洲和非洲北部。我国有2变种。

常春藤 *Hedera nepalensis* K. Koch var. *sinensis*（Tobl）Rehd.

【**别名**】中华常春藤。

【**识别特征**】常绿攀援木质藤本,茎借气生根攀援。老枝灰白色,幼枝淡青色,被鳞片状柔毛,枝蔓处生有气生根;叶革质,深绿色,有长柄,营养枝上的叶三角状卵形,全缘或三浅裂;花果枝上的叶椭圆状卵形至卵状披针形,全缘。伞形花序单生或2~7顶生,花淡黄色或绿白色;核果圆球形,橙黄色。花期9—11月,果期翌年4—5月。

图5.257　常春藤

【**分布**】产于我国华中、华南、西南地区及陕西、甘肃等省。

【**习性**】极耐阴,也能在光照充足之处生长。喜温暖、湿润环境,稍耐寒,能耐短暂的-7~-5℃低温。对土壤要求不高,但喜肥沃疏松的中性或酸性土壤。

【**繁殖**】扦插、播种法繁殖,极易生根,栽培管理简易。

【**观赏与应用**】四季常青,枝蔓茂密,姿态优雅,是垂直绿化的主要树种之一。它也是非常好的室内观叶植物,可作盆栽、吊篮、图腾、整形植物等。

6）忍冬科 Caprifoliaceae

忍冬属 *Lonicera* L.

我国有98种,广布于全国各省区,而以西南部种类最多。

盘叶忍冬

忍冬 *Lonicera japonica* Thunb.

【**别名**】金银花、金银藤、双花。

【**识别特征**】半常绿缠绕藤本。小枝细长、中空,茎皮为褐色至赤褐色,条状剥落,幼时密被柔毛。单叶对生,纸质,卵形至椭圆状卵形,基部圆形或近心形,全缘,幼时两面具毛,老后光滑。花成对腋生,苞片叶状,花蕾呈棒状,上粗下细,萼筒无毛,花冠唇形,初开白色略带紫晕,后转黄色,芳香。浆果球形,蓝黑色,花期4—6月,果熟期10—11月。

图 5.258   忍冬

【分布】我国南北各地有分布。北起辽宁,西至陕西,南达湖南,西南至云南、贵州。

【习性】喜光、耐阴,耐寒性强,也耐干旱和水湿,对土壤要求不严,酸碱土壤均能生长。但以湿润、肥沃的深厚砂质土生长最佳。根系发达,萌蘖性强,茎蔓着地即能生根。

【繁殖】种子、扦插及分根繁殖。

【观赏与应用】枝株轻盈,藤蔓缠绕,冬叶微红,花先白后黄,富含清香,可缠绕篱垣、花架、花廊,也可用作屋顶绿化、附在山石上,植于沟边,爬于山坡,用作地被。老桩可作盆景,姿态古雅,是庭园布置夏景的极好材料。

7) 紫茉莉科 Nyctaginaceae

本科共 30 属,290 种。我国有 2 属,7 种。

叶子花属 Bougainvillea Comm. ex Juss.

约 18 种。原产南美,常栽培于热带及亚热带地区。我国有 2 种。

叶子花 *Bougainvillea spectabilis* Willd.

【别名】毛宝巾、九重葛、三角花。

【识别特征】常绿攀援状灌木。枝具锐刺,拱形下垂,枝叶密生柔毛。单叶互生,卵形或卵状椭圆形。花顶生,簇生于大型叶状苞片内,苞片卵圆形,暗红色或淡紫红色。瘦果有 5 棱。华南冬春间开花,长江流域 6—12 月开花。

图 5.259   叶子花

【分布】原产于巴西,我国各地均有栽培。南方宜庭院种植,北方适宜温室盆栽。

【习性】喜光,喜温暖湿润气候,不耐寒,在 3 ℃以上方可安全越冬,15 ℃以上才能开花。对土壤要求不严,在排水良好、含矿物质丰富的黏重壤土中生长良好,耐贫瘠,耐碱,耐干旱,忌积水,萌发力强,耐修剪。

【繁殖】扦插法繁殖。

【观赏与应用】茎干千姿百态,枝蔓较长,柔韧性强,可塑性好,人们常将其编织后用于花架、花柱、绿廊、拱门和墙面的装饰,或修剪成各种形状;老桩可制作树桩盆景。

【品种】金边叶子花' Lateritia Gold'。

8) 蔷薇科 Rosaceae

野蔷薇

蔷薇属 *Rosa* L.

木香花 *Rosabanksiae* Ait.

【别名】木香、七里香。

【识别特征】常绿或半常绿攀援灌木。枝细长绿色,光滑而少刺。羽状复叶,卵状长椭圆形至披针形,缘有细齿。伞形花序,花常为白色或淡黄色,单瓣或重瓣,芳香,萼片全缘,花梗细长。蔷薇果近球形,无毛,红色。花期4—5月,果期10月。

图5.260 木香花

【分布】原产于我国中南及西南部,现国内外园林及庭园中均普遍栽培观赏。

【习性】喜光,也耐阴,喜温暖气候,有一定的耐寒性,北京宜选背风向阳处栽培。

【繁殖】多用压条、扦插、嫁接法繁殖。

【观赏与应用】晚春至初夏开花,芳香袭人,普遍作为棚架、花篱材料。

9) 卫矛科 Celastraceae

(1) 卫矛属 *Euonymus* L.

扶芳藤 *Euonymus fortunei* (Turcz.) Hand.-Mazz.

【别名】金线风、络石藤、爬墙虎。

【识别特征】常绿藤本,靠气生根攀援生长。枝上具小瘤状突起。叶对生,薄革质,椭圆形或卵形,先端尖或短锐尖,基部阔楔形,缘具浅粗钝锯齿,叶柄短。聚伞花序腋生,花小,绿白色。蒴果近球形,橙红色,假种皮橘红色。花期6—7月,果期9—10月。

图5.261 扶芳藤

【分布】我国长江流域及黄河流域以南各地。

【习性】喜温暖湿润气候,耐阴,较耐寒,喜阴湿环境。生长快,极耐修剪。

【繁殖】播种或扦插繁殖。

【观赏与应用】生长旺盛,四季常青,夏季叶色黄绿相容,秋冬季则叶色红艳,是庭院中常见覆盖植物。可掩覆墙面、地面,点缀墙角,攀附在假山、岩石、老树上,也可制作盆景。抗 SO_2、Cl、HF、NO_2 等有害气体,可作工矿区环境绿化树种。

（2）南蛇藤属 *Celastrus* L.

　　我国约有 24 种和 2 变种,大部分省区均有分布,而长江以南为最多。

南蛇藤 *Celastrus orbiculatus* Thunb.

【别名】落霜红。

【识别特征】落叶藤本,小枝圆,皮孔粗大而隆起,枝髓白色充实。单叶互生,倒卵形至倒卵状椭圆形,先端短突尖,基部近圆形,缘具锯齿细钝。短总状花序腋生,花小,黄绿色。蒴果球形,橙黄色,假种皮深红色。花期 5—6 月,果期 9—10 月。

图 5.262　南蛇藤

【分布】华东、华北、华东、西北、西南及华中等地。

【习性】喜光、耐阴、耐寒、耐干旱、适应性强,多生于海拔 1 000 m 上下山地灌木丛中,有时缠绕大树或岩畔生长。

【繁殖】播种、扦插或压条繁殖。

【观赏与应用】霜叶红,蒴果橙黄,假种皮红艳,长势旺,攀援能力强。宜作棚架、墙壁、岩壁等垂直绿化材料,或栽植于溪流、池塘岸边作地面覆盖材料。

10）夹竹桃科 **Apocynaceae**

　　本属约 250 属,2 000 余种,分布于全世界热带、亚热带地区,少数在温带地区。中国产 46 属,176 种,33 变种,主要分布于长江以南各省区及台湾省等沿海岛屿,少数分布于北部及西北部。

络石属 *Trachelospermum* Lem.

　　约 30 种,分布于亚洲热带和亚热带地区、稀温带地区,中国有 10 种,主产长江以南各省。

络石 *Trachelospermum jasminoides*（Lindl.）Lem.

【别名】风车茉莉、石龙藤、白花藤。

【识别特征】常绿藤本,借气生根攀缘,单叶对生,蔓细长,花白色。

图 5.263　络石

【分布】主产中国长江流域。

【习性】喜光,耐阴;喜温暖湿润气候,耐寒性不强;对土壤要求不严,在阴湿而排水良好的酸性、中性土壤生长旺盛;耐干旱。抗海潮风、忌涝。入冬叶转紫红,增强御寒力。移植时必须带土球。

【繁殖】播种繁殖,种子应层积催芽;也可扦插、分根繁殖。

【观赏与应用】可用于攀缘墙壁、山石。

11)锦葵科 Malvaceae

苘麻属 *Abutilon* Miller

　　约 150 种,分布于热带和亚热带地区,中国有 9 种,南北均有产。

红萼苘麻 *Abutilon megapotamicum* St. Hil. et Naudin

【别名】蔓性风铃草、巴西灯笼花

【识别特征】红萼苘麻是常绿软木质灌木,叶绿色,心形,互生,掌状叶脉,叶端尖,叶缘有钝锯齿。花单生于叶腋,具长梗,下垂;花萼红色,花萼钟状,花瓣 5 瓣,黄色;花蕊深棕色,花冠钟形,基部联合,蒴果近球形,灯笼状。全年可开花。

图 5.264　红萼苘麻

【分布】红萼苘麻原产于巴西等热带地区。

【习性】性喜温暖,温度在15 ℃以上时可正常开花。不耐寒,冬季温度最好保持在10 ℃以上。红萼苘麻宜使用含壤土基质进行栽培。

【繁殖】通常用扦插法进行繁殖。

【观赏与应用】红萼苘麻茎纤幼细长,分枝很多,很适合作为吊盆栽种观赏,是优良的盆栽观花植物。

实训13　蔓木类园林树木的识别及应用调查

1）实训目的

（1）认识当地栽植的各种蔓木树种。

（2）能对当地不同园林绿地中蔓木类树种选择与应用效果进行评价。

2）实训地点

校园内、实习基地或城市各园林绿地。

3）材料用具

采集本地观赏树林木为材料。工具主要有放大镜、卷尺、枝剪、记录本、手机或照相机、教材、图谱等。

4）方法、步骤和内容

（1）识别藤蔓类木本植物。由老师指导识别被子植物蔓类树种5～10种,并明确蔓木类植物在园林中的配置方式。

（2）分组观察。学生5～10人一组,通过观察,分析所选地点蔓木植物的类型。认真做好记录（表5.5）。

表5.5　园林蔓木类树种观测记录表

植物名称：_____　类别：_____
枝：
叶：叶形_____　叶色_____　叶脉_____　叶毛_____
托叶_____　质地_____　着生方式_____
花：
果实：
土壤：种类_____　质地_____　颜色_____　pH值_____
地形：种类_____　海拔_____　坡度_____
地下水位_____　肥力评价_____
生长情况：
形态特征：
适宜生长地：
园林用途：
观赏价值：
调查者：_____　记录者：_____　观测时间：_____

5)实训作业

　　每位学生撰写实训报告一份。实训报告具体要求:指导老师、时间、地点、采集标本名录、代表种的识别、生态环境、分布、园林用途以及收获和建议。

[自测训练]

　　1.简述裸子植物的主要特征。

　　2.简述针叶类植物在园林中的应用。

　　3.简述阔叶类植物在园林中的应用。

　　4.简述竹子地下茎、竹秆、竹叶和竹箨各自的特点。

　　5.举例说明观赏竹类的观赏特点。

　　6.棕榈科的主要特征是什么?

　　7.棕榈科树种哪些是乔木,哪些是灌木?

　　8.简述络石与爬山虎的区别。

　　9.简述凌霄与美国凌霄的区别。

　　10.简述金银花与金银木的区别。

附录 项目5 科、属索引

任务 3　观赏竹类

参考文献

[1] 陈有民. 园林树木学[M]. 北京:中国林业出版社,1990.

[2] 楼炉焕. 观赏树木学[M]. 北京:中国农业出版社,2000.

[3] 熊济华. 观赏树木学[M]. 北京:中国农业出版社,1998.

[4] 陈俊愉. 中国花卉品种分类学[M]. 北京:中国林业出版社,2001.

[5] 邱国金. 园林树木[M]. 北京:中国林业出版社,2005.

[6] 郑万钧. 中国树木志:第1卷[M]. 北京:中国林业出版社,1983.

[7] 华北树木志编写组. 华北树木志[M]. 北京:中国林业出版社,1984.

[8] 叶创兴,等. 植物学——系统分类部分[M]. 广州:中山大学出版社, 2000.

[9] 邓莉兰. 园林植物识别与应用实习教程[M]. 北京:中国林业出版社,2009.

[10] 赵世伟,张佐双. 园林植物景观设计与营造1[M]. 北京:中国城市出版社,2001.

[11] 潘文明. 观赏树木[M]. 2版. 北京:中国农业出版社,2001.

[12] 中国科学院植物研究所. 中国高等植物图鉴[M]. 北京:科学出版社,1987.

[13] 中国科学院中国植物志编辑委员会. 中国植物志[M]. 北京:科学出版社,2007.

[14] 中国农业百科全书总编辑委员会观赏园艺卷编辑委员会,中国农业百科全书编辑部. 中国农业百科全书——观赏园艺卷[M]. 北京:中国农业出版社,1996.

[15] 卓丽环. 城市园林绿化植物应用指南——北方本[M]. 北京:中国林业出版社,2003.

[16] 周以良. 黑龙江树木志[M]. 哈尔滨:黑龙江科学技术出版社,1986.

[17] 庄雪影. 园林树木学——华南本[M]. 广州:华南理工大学出版社,2002.

[18] 张天麟. 园林树木1000种[M]. 北京:学术书刊出版社,1990.

[19] 何平,彭重华. 城市绿地植物配置及其造景[M]. 北京:中国林业出版社,2001.

[20] 毛龙生. 观赏树木栽培大全[M]. 北京:中国农业出版社,2002.

[21] 李书心. 辽宁植物志(上册)[M]. 沈阳:辽宁科学技术出版社,1988.

[22] 李作文. 王玉晶. 东北地区观赏树木图谱[M]. 沈阳:辽宁人民出版社,1999.

[23] 吴家骅. 景观形态学——景观美学比较研究[M]. 叶南,译. 北京:中国建筑工业出版社,1999.

[24] 余树勋. 花园设计[M]. 天津:天津大学出版社, 1998.

[25] 南京林业学校. 园林植物栽培学[M]. 北京:中国林业出版社,1991.